ゼロから理解するテクノロジー図鑑

概念股夯什麼？
從零開始的IT圖鑑

蘋果概念股、AI概念股、雲端概念股、半導體供應鏈、虛擬貨幣……
從基礎入門到上下游整合，一次看懂。

數位內容公司 Zukunft Works 代表董事、
網路社團「書本與IT研究會」代表人
三津田治夫 ◎監修

科學、科技主題插畫家
武田侑大 ◎插畫

IT書籍製作公司 SOREKARA 代表董事
岩﨑美苗子 ◎內文

林信帆 ◎譯

CONTENTS

第 一 章　基礎知識，懂這些就夠

第二章｜概念股背後的隱藏技術

CONTENTS

CONTENTS

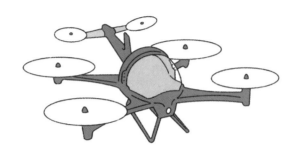

第 三 章 │ **最夯的GAFA概念股**

第 四 章 | # AI 時代真的要來了

第 五 章 | # 新交易模式誕生，金融科技股

CONTENTS

第六章 | 搶賺趨勢的紅利

推薦序一

平衡資訊落差，
你在 AI 時代的辭典

竹謙科技研發工程師、資工心理人／洪碩廷

身為一個從文組跨領域到資工的菜雞來說，最常遇到的問題，就是對很多名詞一知半解，常常要靠 Google 大神去查找。但有些解釋明明寫的是中文，我卻有看沒有懂，所幸靠著自己的努力以及同學的幫助，總算逐漸跨過這些知識壁壘。

不過這個過程，耗費時間甚鉅，而且往往像是遭遇戰（在行動中相遇而發生的戰鬥），缺少一個有系統且有效率的學習方式，容易讓很多初學者感到挫折而選擇放棄。

感謝本書作者撰寫了這本書，書中運用圖文介紹了 100 個 IT（Information Technology，資訊科技）和科技用語，我覺得非常適合想踏入這個領域的新手，或是想多了解相關知識以趕上科技潮流的人。書中會先以一個名詞為開頭，加上一段說明文，讓讀者能夠大致掌握該名詞的意思，並且搭配插圖，讓你可以對抽象的名詞更有概念。人是視覺動物，插圖除了有助於更具象化的學習外，也能夠加深印象，使學習效果更佳。當你了解其中許多關鍵字後，如果想

更深入研究該領域，這些關鍵字也可以幫助你在未來搜尋相關資料時，更加事半功倍。

像我自己在學習的前期，很多時候不是不想找資料，而是不知道該如何正確的下關鍵字去 Google 搜尋，常常會在找資料時遭受挫折。所幸我有許多熟悉相關領域的同學可以詢問，讓我逐漸掌握搜尋的技巧與關鍵字。如何正確快速的運用關鍵字搜尋所需資料很重要，可以讓你在學習過程中更有信心，並持續朝目標邁進。

另外，本書在這些名詞解釋的後方，放上台股的相關產業概念股，我覺得這點很不錯。臺灣有很多公司是全球大科技品牌的供應鏈，但一般投資人（非相關產業界人士）光是要理解這些科技產品的專有名詞，就要花不少時間了，更何況還需要找出其供應鏈的臺灣廠商，更是難上加難。

書中詳盡的整理了許多供應鏈的公司，例如各家廠牌手機的供應鏈、雲端伺服器與雲端應用的供應鏈概念股，讓對 IT 有興趣的讀者，能夠更快速的搜尋關鍵字，而不會不知如何起頭。這算是本書的一大特點，我在其他類似的書上也沒看到過，讓你在學習科技知識的同時，也能夠找到自己有興趣的投資機會。

總結來說，我覺得本書內容涵蓋了目前大部分的資訊科技領域知識，且用容易理解的方式入門，如果在跨入這個領域的初期，我能夠閱讀到這本書，一定可以少走很多冤枉路！作者運用了文字以

及圖畫，幫助初入本領域的讀者跨越知識壁壘，並且能夠有效率的學習新知。

祝福各位讀者都能夠平衡資訊落差，在這個 AI 的時代，跟上資訊的潮流，翱翔與享受於科技之中。

> 本文作者洪碩廷，為竹謙科技研發工程師，另經營粉專「資工心理人的理財筆記」，分享關於資訊科技、程式設計、心理學、理財相關資訊，現在專注於研究總體經濟與美股投資。

推薦序二

不用找了！
科技概念與對應個股的
瀨尿牛丸在這裡！

「紀老師程式教學網」粉專版主／紀俊男

大家看過周星馳於 1996 年上映的電影《食神》嗎？在影片中，莫文蔚飾演的「火雞姐」，與李兆基飾演的「鵝頭」，正在爭辯誰的瀨尿蝦與牛丸比較好吃時，周星馳扮演的「史蒂芬・周」突然說出一句名言：「爭什麼？摻在一起做成瀨尿牛丸啊，笨蛋！」

而本書，正是結合了解釋資訊概念，並列出對應個股的「瀨尿牛丸」。啃完它，雖不至於讓你跟火雞姐一樣「吃了之後更美」，但應該會讓你選股的時候，頭腦靈光很多。

如果你是信奉價值型投資的科技類股民，不知道你是否常為了找出下一個一飛沖天的題材，而傷透腦筋呢？當你面對大數據、深度學習、5G、區塊鏈……這些天天在報紙上跟你招手的名詞，別說找出具有上漲潛力的未來之星了，光是嘗試理解這些概念，就足夠讓你在螢幕前咳三口鮮血，更遑論還要獨具慧眼，找出暗藏在璞石後面的和氏璧。

即使你下定決心，買一堆書想搞懂這些科技名詞，卻無奈每一本都厚到可以砸死腳邊的「小強」（周星馳電影中對「蟑螂」的戲稱）。在戰況瞬息萬變的股市，實在沒有時間等你消化完上千頁的資訊，再來判斷該買哪支股票。

更甚者，就算有一本能簡單解釋科技業界所有概念的書籍，看完後你還得傷腦筋去了解，跟這個概念或是產業相關的標的又是哪幾支？難保不會望著窗外明月，擲筆三嘆的自問：「難道沒有一本書能快速說明各種概念，又把與該產業相關的標的告訴我嗎？」

這位讀者運氣很好！我看你骨骼清奇，實為萬中無一的股市奇才。既然與你有緣，這裡有本解釋科技名詞，並列出對應個股的便宜好書，叫做《概念股夯什麼？從零開始的IT圖鑑》，以後指點明牌、幫助大家財富自由的任務就靠你了！

玩哽就先玩到這裡。

其實這本書讓我很驚豔！它先從電腦、手機、CPU、積體電路等硬體概念介紹起，並於每個名詞佐以簡明易懂的插圖（不得不說，日本作者在配圖簡述這方面真的很厲害），既不會過分深入，也不至於簡單到無法理解，可以感覺到作者很努力在「詳細」與「易懂」之間維持平衡。接著，整本書開始往網路、社群媒體、人工智慧、金融科技等主題慢慢深入，讓你在兩百多頁之中，就弄懂大部分報紙理財版裡，可能出現的專有名詞。

　　若光是這樣，那也只是一本寫得不錯的「計算機概論」而已，我不會給出「驚豔」這樣的評價。主要是因為大是文化出版社的編輯團隊，把每個名詞該對應哪些個股，用心的附上臺灣上市、上櫃的標的列表。這必須堅持「不僅把文字翻對，還要提供對讀者有用的資訊」，不厭其煩的比對查找，才可能達到。對此，我向參與本書的所有編輯、譯者、工作人員，致上最高的敬意！

　　總之，這是一本由淺入深、難易均衡、擁有大量插圖且簡明易懂的概念說明書。除了解釋各種科技類股會用到的專有名詞，還會在每個專有名詞後，列出臺灣相關上市、上櫃概念股清單。雖不敢保證這種結合了「瀨尿蝦」與「牛丸」的寫作模式是後無來者，但絕對是前無古人。

　　不論你是想單純了解資訊科技的經理人，還是不想盲從於羊群效應、成為被人帶風向就買「高級套房」的那隻羔羊，本書都會成為你穿破迷霧、抵達股海彼岸的快速直通車！我非常誠心推薦本書給大家！

　　　　　　　　　本文作者紀俊男，為「紀老師程式教學網」粉專版主、「和群資訊公司」創辦人，擁有 30 年程式設計教學經驗。

序言

從零開始的 IT 圖鑑

　　舉凡人工智慧（AI）、深度學習、雲端、金融科技（Fintech）等，坊間現在有許多IT或科技的關鍵字。這些詞彙每天在增加，但應該有很多人不知道其含意，也不曉得詞彙之間有何關聯。

　　從個人資料到金融交易，我們的生活是靠IT串聯，這個時代已經不能靠「不知道」或「不明白」來打發過去。特別是COVID-19新冠肺炎期間，有些人待的企業開始採用遠端工作，這時如果你不理解Wi-Fi或網路的機制，也很難建構自家的IT環境吧。

　　針對這些人士，我們以「從零開始理解在IT社會中，不可或缺的IT或科技關鍵字」為概念，製成圖鑑，讓讀者能透過插圖掌握內容。本書站在能夠從零理解的角度製作，因此會省略一些細微的含意，但會讓讀者能大致理解該觀念。

　　本書適合以下人士閱讀：

- 看過和聽過IT或科技用語，卻不太懂其含意。
- 想學習IT或科技的一般常識。
- 公司引進遠距工作，迫於需要而學習IT或科技知識。
- 想學習程式用語的基礎。

• 學校引進了程式教育，想和孩子一起學習的父母。

IT和科技絕對不難。希望本書成為一個契機，讓更多人把IT變成自己的同伴，度過更豐富的人生。

監修人　三津田治夫

本書說明

☑ 請大致翻閱，從自己想了解的地方開始閱讀。

☑ 不一定要從頭閱讀，只瀏覽插圖也OK。

☑ 看完標題、說明和插圖後，再讀內文和關鍵字能夠加深理解。

☑ 如果有時間的話，可以多讀幾次，這樣自然會把內容都記下來。

1 刊載了 100 個精選的IT和科技用語。

2 閱讀說明文，就能大致掌握用語的意思。

3 讀完①和②後再看插圖，增加對用語的印象。

4 看完插圖後，想知道更詳細的內容，請閱讀內文。

5 此處挑選了幾個關鍵字，各位可以先記起來，方便運用。

第一章

基礎知識，
懂這些就夠

智慧型手機、個人電腦、網際網路和 Wi-Fi……有許多科技支撐著我們的日常生活。本章會介紹身邊的使用案例，讓大家理解科技相關的基礎知識。

電腦

個人電腦和智慧型手機都是電腦

代替人類進行計算的電腦，有各式各樣的類型，其用途或形狀也有差異。雖然說到電腦，就會先想到個人電腦，不過從電話進化而來的智慧型手機也是一種電腦，優點是便於攜帶。

　　電腦以個人電腦的形式普及於社會。個人電腦的特點在於，可在一個螢幕中同時啟動超過一個軟體，還能穩定的同步操作。

　　相較於適合坐在固定地方使用的電腦，在電話上加入電腦功能的智慧型手機，則是一種適合攜帶的進化版電腦。雖然畫面尺寸很小，但可依照不同用途，活用GPS或各種感測器功能。而平板電腦把智慧型手機的螢幕加大了，讓畫面看起來更舒服。

　　除了個人電腦或智慧型手機外，還有各種不同類型的電腦，例如超級電腦、安裝在遊戲機或家電內的電腦等。我們在使用時，要善加利用各種電腦的特點。

KEYWORD

電腦／個人電腦／智慧型手機／平板電腦／超級電腦／遊戲機

電腦依用途而異，有許多不同類型：

大型、可一次處理大量內容的電腦。

小型但靈巧的電腦。

智慧型手機

以高性能為賣點的電話

iPhone 於 2007 年登場後，智慧型手機開始在全球普及。現在只要一臺手機，就能使用手提電話、個人電腦、影音播放器、遊戲機、數位相機、IC 錄音筆等各種電子機器的功能。

智慧型手機採用觸控螢幕，透過手指在薄薄一片電腦上點擊或滑動來操作，除了高性能的CPU和記憶體外，還內建相機、麥克風、喇叭、GPS接收器、各種感測器、行動通訊、Wi-Fi、藍芽等網路功能，另可安裝App（應用程式，Application的縮寫）來使用這些硬體功能。

目前有無數種App供下載安裝，以滿足不同的使用目的，使得各種場合皆能用到智慧型手機。

智慧型手機必須使用專用的作業系統（Operating System，簡稱OS）。OS可大致分為iOS和Android；iOS安裝在Apple公司開發、製造和銷售的iPhone上，除此之外的手機大多使用Android系統。

KEYWORD

智慧型手機／傳統手機／個人電腦／影音播放器／遊戲機／
數位相機／IC錄音筆

初代 iPhone
（2007）

我們發明了
多種工具合一的裝置！

史蒂夫·賈伯斯
（Steve Jobs）

各種智慧型手機，持續開發中。

智慧型手機概念股

隨著手機功能進步，與手機相關的概念股開始引起投資人注意，其中除了產業大廠本身以外，手機廠創新開發方向亦受到矚目，例如無線充電、新一代折疊手機等，想必智慧型手機也將會越來越平價。

• 手機－觸控相關：

錸德（2349）、友達（2409）、銘旺科（2429）、偉詮電（2436）、
義隆（2458）、可成（2474）、聯陽（3014）、全台（3038）、
和鑫（3049）、原相（3227）、旭軟（3390）、融程電（3416）、
群創（3481）、迎輝（3523）、敦泰（3545）、禾瑞亞（3556）、
嘉威（3557）、谷崧（3607）、安可（3615）、洋華（3622）、
富晶通（3623）、地心引力（3629）、TPK-KY（3673）、
熒茂（4729）、萬達光電（5220）、光聯（5315）、松翰（5471）、
通泰（5487）、彩晶（6116）、嘉聯益（6153）、迅杰（6243）、
定穎（6251）、台郡（6269）、GIS-KY（6456）、晶采（8049）、
元太（8069）、凌巨（8105）

• 手機－快速充電：

偉詮電（2436）、聯發科（2454）、笙泉（3122）、通嘉（3588）、
凌通（4952）、盛群（6202）、致新（8081）

• 手機－無線充電：

光寶科（2301）、台達電（2308）、鴻海（2317）、仁寶（2324）、
宏碁（2353）、華碩（2357）、致茂（2360）、瑞昱（2379）、

正崴（2392）、聯昌（2431）、美律（2439）、聯發科（2454）、
奇力新（2456）、飛宏（2457）、宏達電（2498）、全漢（3015）、
僑威（3078）、千如（3236）、威剛（3260）、微端（3285）、
勝德（3296）、進泰電子（3465）、曜越（3540）、力銘（3593）、
致伸（4915）、新唐（4919）、凌通（4952）、十銓（4967）、
宣德（5457）、耕興（6146）、盛群（6202）、迅杰（6243）、
矽格（6257）、康舒（6282）、晶焱（6411）、群電（6412）、
矽力-KY（6415）、致新（8081）

手機－低價智慧手機：

楠梓電（2316）、鴻海（2317）、鴻準（2354）、燿華（2367）、
威盛（2388）、毅嘉（2402）、美律（2439）、聯發科（2454）、
義隆（2458）、可成（2474）、宏達電（2498）、大立光（3008）、
聯詠（3034）、欣興（3037）、晶技（3042）、台灣大（3045）、
和鑫（3049）、及成（3095）、閎暉（3311）、位速（3508）、
敦泰（3545）、禾瑞亞（3556）、安可（3615）、洋華（3622）、
遠傳（4904）、和碩（4938）、嘉聯益（6153）、台郡（6269）、
華冠（8101）

手機－折疊手機：

鴻準（2354）、友達（2409）、可成（2474）、
大立光（3008）、晟銘電（3013）、奇鋐（3017）、
聯詠（3034）、和鑫（3049）、雙鴻（3324）、
新日興（3376）、兆利（3548）、達邁（3645）、TPK-KY（3673）、
亞電（4939）、誠美材（4960）、達興材料（5234）、
嘉聯益（6153）、尼得科超眾（6230）、GIS-KY（6456）、
神盾（6462）、台虹（8039）、明基材（8215）

● 手機－OPPO：

華通（2313）、聯發科（2454）、大立光（3008）、致伸（4915）、
臻鼎-KY（4958）、矽創（8016）、至上（8112）

● 手機－三星：

華通（2313）、鴻海（2317）、國巨（2327）、精元（2387）、
億光（2393）、飛宏（2457）、可成（2474）、鉅祥（2476）、
信邦（3023）、聯詠（3034）、智原（3035）、欣興（3037）、
和鑫（3049）、新揚科（3144）、樺晟（3202）、宇環（3276）、
閎暉（3311）、創意（3443）、矽瑪（3511）、敦泰（3545）、
洋華（3622）、台半（5425）、萬旭（6134）、耕興（6146）、
嘉聯益（6153）、今國光（6209）、聚鼎（6224）、定穎（6251）、
沛亨（6291）、瀚荃（8103）

● 手機－小米：

光寶科（2301）、華通（2313）、鴻海（2317）、鴻準（2354）、
英業達（2356）、正崴（2392）、聯發科（2454）、
大立光（3008）、聯詠（3034）、欣興（3037）、
緯創（3231）、閎暉（3311）、尚立（3360）、
艾恩特（3646）、TPK-KY（3673）、
大聯大（3702）、遠傳（4904）、
致伸（4915）、臻鼎-KY（4958）

手機－華為：

台達電（2308）、華通（2313）、台揚（2314）、鴻海（2317）、

台積電（2330）、聯強（2347）、英業達（2356）、金像電（2368）、

大同（2371）、瑞昱（2379）、廣達（2382）、興勤（2428）、

京元電子（2449）、神腦（2450）、聯發科（2454）、全新（2455）、

健和興（3003）、大立光（3008）、全漢（3015）、奇鋐（3017）、

晶技（3042）、健鼎（3044）、璟德（3152）、景碩（3189）、

緯創（3231）、光環（3234）、閎暉（3311）、雙鴻（3324）、

明泰（3380）、譁裕（3419）、聯鈞（3450）、群創（3481）、

昇達科（3491）、敦泰（3545）、智易（3596）、大聯大（3702）、

合勤控（3704）、日月光投控（3711）、正文（4906）、

康控-KY（4943）、立積（4968）、IET-KY（4971）、

眾達-KY（4977）、華星光（4979）、環宇-KY（4991）、

信驊（5274）、中磊（5388）、松普（5488）、上奇（6123）、

頎邦（6147）、嘉聯益（6153）、幃翔（6185）、

尼得科超眾（6230）、台燿（6274）、啟碁（6285）、

光麗-KY（6431）、光聖（6442）、神盾（6462）、緯穎（6669）、

南電（8046）、宏捷科（8086）

（資料來源：Goodinfo! 台灣股市資訊網。）

（註：蘋果概念股請見 168 頁。）

硬體與軟體

WORD
3

驅動電腦的搭檔

電腦是由硬體和軟體構成，前者是實體設備，後者則用來驅動硬體，一旦缺少其中一方，電腦都會無法運作；只有一方具備高性能也不行，兩者必須同心協力，才能完全發揮能力。

硬體（hardware）的英文原意是五金製品，用在個人電腦領域是指CPU、記憶體、硬碟等本體，以及滑鼠或鍵盤等輸入裝置，還有印表機等輸出裝置──肉眼看得見的裝置，都統稱為硬體。

相較之下，沒有實體、用以驅動硬體的程式或資料，則總稱為軟體，包含OS（作業系統，詳見 WORD 9）和應用程式等。

拿可憑藉意識移動身體的人類來比喻，身體就相當於硬體，而意志、思考和知識則相當於軟體，兩者必須兼備。

電腦也一樣，光靠硬體什麼也做不到，必須將軟體安裝到硬體中，才能依照我們的目的來操作。

KEYWORD

硬體／軟體／CPU／記憶體／硬碟／滑鼠／鍵盤／印表機／OS

軟體

硬體

例如計算機，

也是一種硬體和軟體的組合，

但兩者都只具備最低限度的功能。

WORD 4

輸入裝置

輸入資訊的裝置

想讓電腦執行某個命令時，人類必須對電腦下達指令。而人類對電腦下指令或提供執行命令所需的資料，這個行為稱作輸入（Input），用來輸入的裝置稱為輸入裝置。

電腦普及後，大家廣泛使用的桌機或個人電腦，都附有鍵盤和滑鼠當作輸入裝置。鍵盤可以直接透過按鍵，輸入文字或數字；滑鼠則是透過畫面的位置資訊來輸入。

智慧型手機和平板電腦是直接點擊螢幕來輸入，這稱為觸控螢幕。個人電腦和手機還能透過麥克風，進行語音輸入。

要輸入圖像，則須使用數位相機或掃描器，將聲音或照片等類比資料，轉換成電腦能處理的數位資料。（按：類比資料是連續性的資料，如聲音和影像，缺點是容易被雜訊影響。數位資料最常見的是文字和圖形，使用編碼方法轉換成一連串 0 與 1 位元表示，電腦即可處理，便於儲存和傳輸。）

除此之外，遊戲機的搖桿、超商收銀臺使用的條碼讀取器、IC 讀卡機等，也都是輸入裝置的一員。

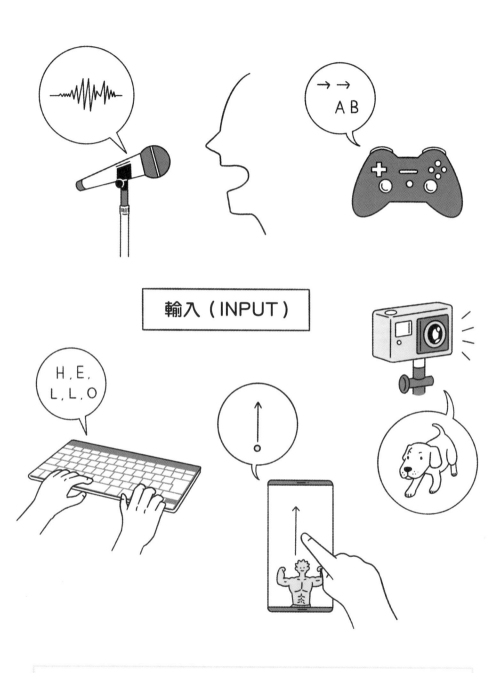

輸出裝置

WORD 5

輸出資料的裝置

顯示電腦狀態或命令執行結果的行為，稱為輸出（Output），用來輸出的裝置則稱為輸出裝置。電腦能用數位資料的形式輸出結果，而我們會使用各種輸出裝置，把這些內容顯示成人類可使用的樣貌。

顯示器是一種視覺輸出裝置，在使用電腦時不可或缺，可用來顯示操作畫面、命令執行狀態或執行結果等，又被稱為螢幕。例如智慧型手機的觸控螢幕，就是將輸入裝置和輸出裝置合為一體。

喇叭是輸出聲音的裝置，印表機則是列印在紙上輸出的裝置。現在，還有能夠立體輸出的 3D 列印機。

頭戴顯示器可用來輸出電腦創造的虛擬實境（VR，詳見 WORD 98）。工廠等透過電腦驅動的工業機器人，也能說是一種輸出裝置。

使用 HDMI 線（按：用以傳輸影像及聲音），也能把電視當作輸出裝置使用，比如電視遊樂器，就是把電視當成輸出裝置。

KEYWORD

輸出裝置／Output／顯示器／螢幕／喇叭／印表機／頭戴顯示器

輸出（OUTPUT）

CPU、GPU

處理大量命令的優秀零組件

CPU是決定電腦基本性能的關鍵零組件，擅長連續處理複雜的計算。GPU則是專門處理圖形的零組件，擅長平行處理例行但大量的計算。

CPU（Central Processing Unit，中央處理器）和GPU（Graphic Processing Unit，圖形處理器）都是在電腦中負責計算的零組件。CPU能發揮各種功能，例如進行複雜的計算以執行程式命令，或是控制周遭的輸出、輸入裝置和儲存裝置。

GPU則是專門進行圖形計算的零組件，可執行高速描繪精細圖像的例行處理。若一款遊戲以影像美麗和快速移動為賣點，玩家所使用GPU能力越高，處理效能就會大幅提升。

近年來，GPU擅長高速進行例行處理的特性，被活用於深度學習和虛擬貨幣的挖礦。這種處理圖形計算以外任務的GPU，稱為圖形處理器通用計算（General-purpose computing on graphics processing units，簡稱GPGPU）。

KEYWORD

CPU／GPU／遊戲／圖形處理／深度學習／挖礦／GPGPU

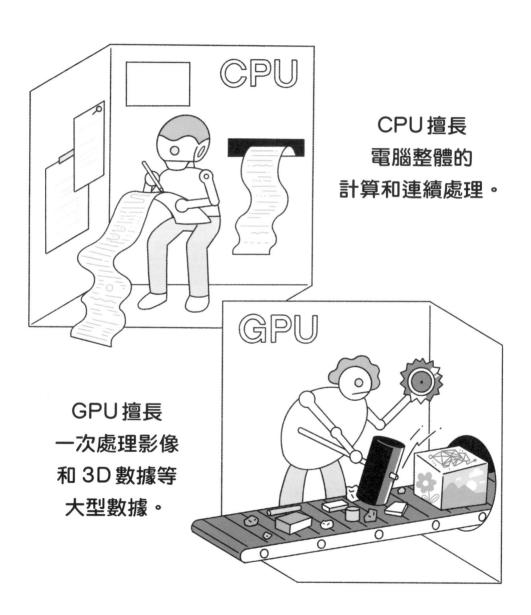

CPU 擅長
電腦整體的
計算和連續處理。

GPU 擅長
一次處理影像
和 3D 數據等
大型數據。

儲存裝置

WORD 7

儲存數據的裝置

電腦是靠程式運作，由程式處理資料。程式和資料都是數位資料，電腦必須有地方負責存放，而儲存和記憶這些資料的裝置，就稱為儲存裝置。

電腦的儲存裝置分為輔助記憶體（Storage）和主記憶體（Main memory，又稱暫存記憶體）。

輔助記憶體是長期儲存程式和資料的裝置，例如個人電腦內的HDD硬碟（傳統硬碟）等；主記憶體則用來存放CPU（電腦的大腦）在處理時所需的程式和資料。後者主要由輕量、存取速度快且耐震動的半導體記憶體DRAM（動態隨機存取記憶體）組成。

快閃記憶體是半導體記憶體的一種，儲存內容不會因關閉電源而消失，也用在許多地方，如智慧型手機的輔助記憶體、SSD（固態硬碟）、方便攜帶資料的隨身碟或SD卡等。

隨身碟和SD卡也稱為儲存媒體，其他儲存媒體包括使用雷射儲存和讀取資料的CD、DVD，或者是藍光光碟（Blu-ray Disc）等光學碟片。

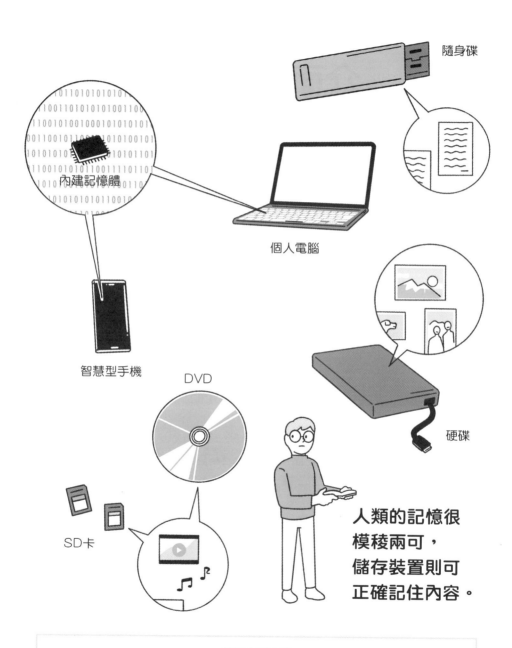

隨身碟

內建記憶體

個人電腦

智慧型手機

DVD

硬碟

SD卡

人類的記憶很模稜兩可，儲存裝置則可正確記住內容。

輔助記憶體／主記憶體／半導體記憶體／快閃記憶體／隨身碟／SD卡／
CD／DVD／藍光光碟（Blu-ray Disc）

介面
用來連結不同種類的東西

介面作為媒介，規定了物與物、人與物之間交換資料的規格。
連結電腦本體以及其他裝置的介面，分成許多種類，規格也各
有不同。

個人電腦能透過許多介面連接印表機，例如實體的USB線、區
域網路線，或是使用無線電波的藍牙、Wi-Fi等，必須採用雙方都能
使用的介面才能連接。

決定機器連接規格的介面稱為硬體介面，決定網際網路等網路
連接規格的，則稱為網路介面。

連接人類和電腦等機器的介面，稱為人機介面或人機互動介
面，有鍵盤、滑鼠、顯示器、觸控螢幕……人類操作電腦時，會看
著畫面操作鍵盤、滑鼠或觸碰輸入。至於人類和電腦往來資訊的介
面，稱為使用者介面。

KEYWORD
硬體介面／網路介面／人機介面／使用者介面

網路介面

網際網路

人機介面

硬體介面

作業系統（OS）

基礎的軟體，讓電腦變得更好用

光靠文書軟體或修圖軟體等應用程式，無法驅動電腦。而基礎作業系統的存在，能夠更有效率的發揮電腦的硬體能力。

要執行應用程式，必須向硬碟下達指令，例如將程式移動到主記憶體，或是讓CPU進行計算等。

要同時執行兩個以上的應用程式，必須進行管理，讓各程式在使用記憶體或CPU上更有效率。此時介於應用程式等和電腦之間的，就是作業系統（Operating System，簡稱OS）。

作業系統有很多類型，功能也各異。

一般大眾的個人電腦，最有名的作業系統是Windows系列和macOS系列；開放原始碼（詳見WORD 10）的Linux作業系統，被廣泛應用於伺服器電腦中；智慧型手機專用的作業系統，則以iOS和Android（安卓）最為知名。

KEYWORD
作業系統／Windows／macOS／開放原始碼／Linux／
伺服器電腦／iOS／Android

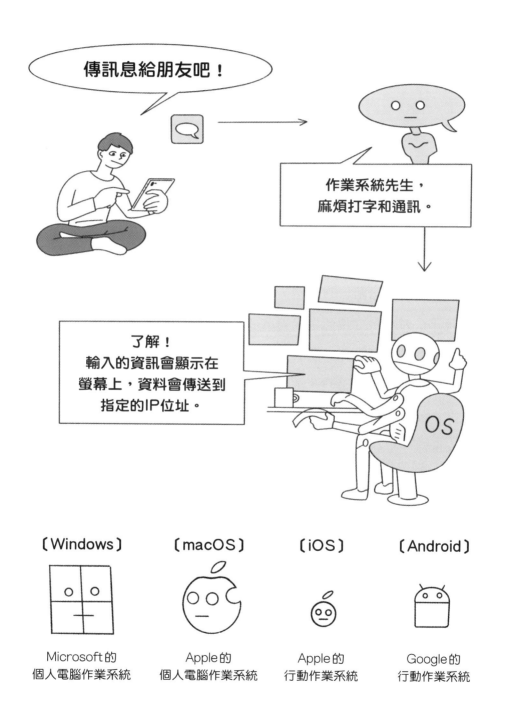

開放原始碼

集眾人之力逐漸成長的軟體

一般來說，商品化的軟體不會公開原始碼。相較之下，開放原始碼軟體則會對外公開，且能免費使用，並允許使用者修改程式或再散布，是種「使用者可共同栽培並自由使用」的軟體。

以商品形態銷售的軟體，會把程式設計師撰寫的原始碼（按：是指一系列人類可讀的電腦語言指令），轉換成操作電腦用的機器語言，然後上市販售。所謂的機器語言，是只使用 0 和 1 的二進位（詳見 WORD 41）資料，人類難以解讀。

不公開原始程式碼，為的是保護軟體開發所產生的權利，和確保安全性。

而開放原始碼軟體（又稱開源軟體）的想法，是基於進一步開發軟體和使軟體本身更好用，讓許多人共同參與開發。美國的開放原始碼促進會（Open Source Initiative，簡稱 OSI）整理了開放原始碼軟體的相關定義，包含：對程式在任何領域內的使用不得有差別待遇（亦即不能限制商業用途或私人用途）、可自由修改和再散布等。

KEYWORD

開放原始碼／原始碼／程式設計師／機器語言／OSI

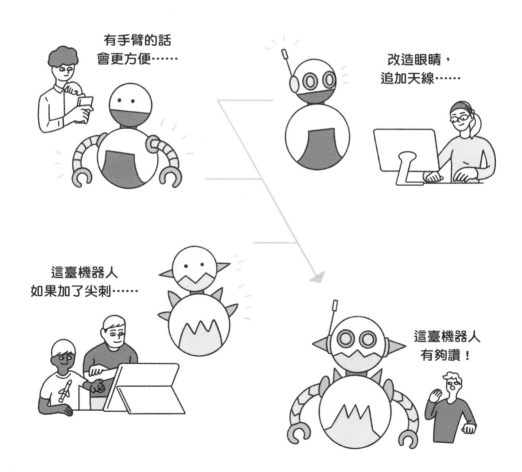

授權合約

WORD 11

取得使用軟體的許可

即使你花錢買軟體，也不代表那套軟體本身會變成你的所有物——原則上，使用者會和軟體製造商締結使用合約，限定在合約規定的範圍內使用。

如同小說、繪畫、音樂、電影等作品受到《著作權法》保護一樣，構成軟體的程式，亦是《著作權法》中所列著作。使用該法保護的著作前，必須得到著作權人的同意——這個規定，軟體也適用。使用許可稱為授權，使用者要先和著作權人（軟體製造商）締結授權合約，才能使用著作（軟體）。

授權合約上，規定了可安裝的電腦臺數、使用目的以及可使用期間等內容，使用者可在規定的範圍內使用軟體，一旦超出契約範圍，就會侵害到著作權。

另外，擅自複製軟體讓渡給他人，或者銷售複製品，也同樣構成侵權。

KEYWORD

軟體製造商／授權合約／《著作權法》／侵害著作權

繪圖軟體

所有人
（開發商）

授權合約

不得擅自複製使用
或銷售！

更新（Update）

軟體也需要維護

軟體在公開和發售後，一樣會修正錯誤（Bug）或改良。針對安裝後的軟體，修正錯誤或者追加次要功能，使其變成最新狀態，就稱為更新。

更新的目的，是消除新發現的程式錯誤、追加新功能或提升性能，也很常用來強化安全性，如果不更新，使得既有的程式錯誤被濫用，可能會導致電腦受到惡意軟體（詳見WORD 60）攻擊。

追加新功能或更新操作畫面等大型變更時，如果是另外發售或公開另一套全新的軟體，就需要安裝新的軟體取代舊的。這稱為版本升級或升級（Upgrade）。

開發商會用版本編號來管理，以區分修正或改良前的差異。舉例來說，Windows 10 或 iOS 13 的「10」和「13」就是版本，版本升級是指從 12 變成 13，更新則是指從 13.1.1 變成 13.1.2。

KEYWORD

程式錯誤／更新／安全性／惡意軟體／版本升級／升級

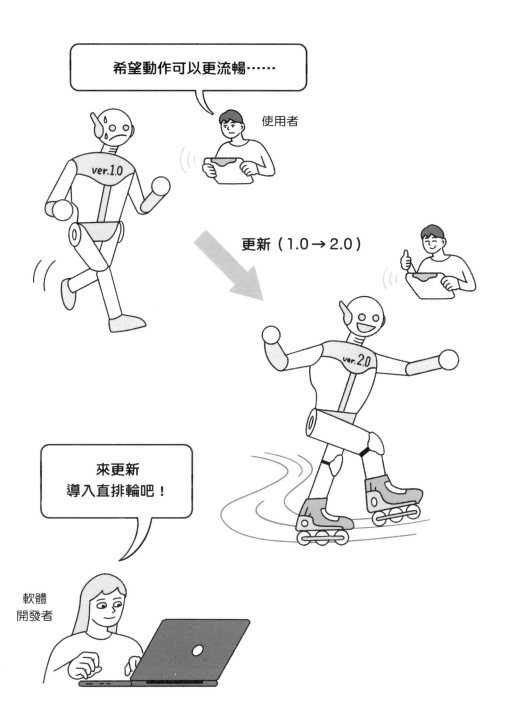

WORD 13 電晶體
負責 ON 或 OFF 開關……

電腦的主要部分，是由名為電晶體的小零件組裝而成。而電晶體是半導體材料組成的電子零件，可放大微弱的電氣訊號，在電路中還能高速切換 ON 或 OFF。

電腦等電子機器必須有電才能啟動。電晶體是控制電流的零件，各種電器上都能看到它的蹤影。最常見的是三接腳（基極、集極、射極）圓柱形，大小只有幾毫米。當多個電晶體封在一個小封裝中，就會形成積體電路（Integrated Circuit，簡稱 IC）。

電晶體的主要作用是增益和開關。例如收音機接收的是微弱的訊號，但透過電晶體的增益（增強、放大訊號強度）後，就能從喇叭放出很大的聲音。

電晶體的開關功能，可呈現電腦使用的二進位 0 和 1。二進位的 1 是打開開關（電流流動），0 則是關閉開關（電流未流動），電晶體可居中切換。

KEYWORD
電晶體／半導體／電氣訊號／增益功能／開關功能／電器／IC／二進位

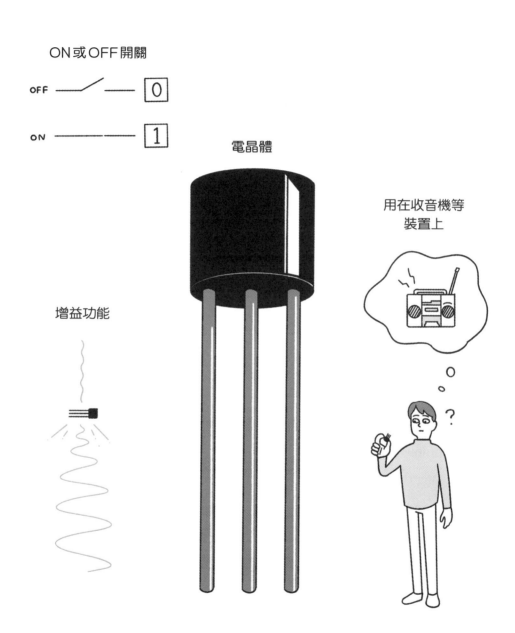

ON或OFF開關

OFF ⎯⎯⎯ 0

ON ⎯⎯⎯⎯ 1

電晶體

用在收音機等
裝置上

增益功能

電晶體負責電腦最核心的部分。

積體電路（IC）

裡頭塞滿了電晶體

積體電路（IC）在半導體晶片上，整合了電晶體等多數電子元件。電腦內負責演算和控制的CPU、負責儲存的記憶體（主記憶體）等重要零件，都是用IC的方式製造。

IC的構成要素，是如電晶體等具有功能的元件（構成電路的要素）。電晶體在電路中擔任開關的角色，電腦的心臟CPU透過龐大的開關組合，進行超高速計算。現在包含電腦在內，幾乎所有電器都會用到IC。

1965年，半導體公司英特爾（Intel）創始人之一高登・摩爾（Gordon Moore）提出預測（稱為摩爾定律）：積體電路上可容納的電晶體數目，約每隔兩年便會增加一倍。

一個IC內可容納的電晶體數量稱為集成度，技術進步會提升IC的集成度，讓尺寸變得更小，而且更省電，處理速度也會變得更快。高集成度的電路稱為大型積體電路（Large scale integration，簡稱LSI）或超大型積體電路（Very large scale integration，簡稱VLSI）。

如今，一個IC裡頭，已經能容納超過10億個電晶體。

晶片內有許多電晶體。

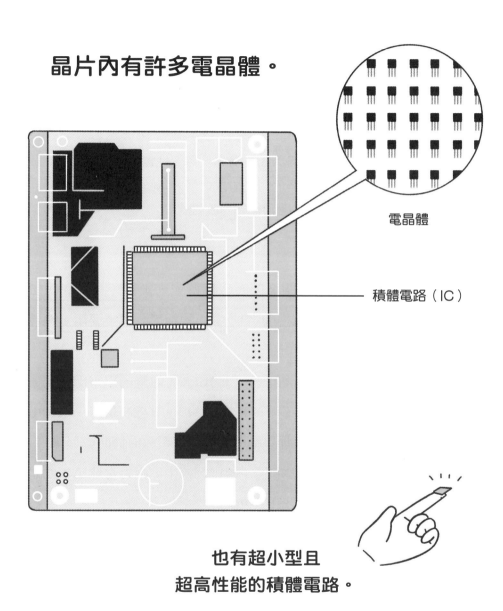

電晶體

積體電路（IC）

也有超小型且
超高性能的積體電路。

超級電腦

WORD
15

電腦會發展到什麼地步？

電腦擅長計算，但複雜且大型的計算，需要性能更好的電腦來處理——超級電腦便應運而生。如果把個人電腦的運算速度比喻成蝸牛，那超級電腦的速度就如同噴射機。

舉凡氣象預報、新藥開發、大型模擬或大數據（詳見WORD 83）分析等，這類以科學技術研究為中心的項目，便需要用上高性能且大型的電腦。

超級電腦搭載了多顆高處理能力的CPU（電腦內用來處理問題的核心裝置），並透過同時運作，實現高性能。其機制是將一顆CPU要花龐大時間處理的大問題加以細分，讓數萬顆CPU同時處理。

2020年6月公布的超級電腦性能排行榜中，獲得全球第一的是日本「富岳」，它足足有 15 萬顆CPU。

近年來，基於量子力學開發的量子電腦問世，在原理上不同於傳統電腦。2019 年時，Google對外表示，正在開發的量子電腦只花了幾分鐘，就解開超級電腦要耗費 1 萬年處理的問題。

KEYWORD

超級電腦／大型模擬／大數據分析／量子力學／量子電腦

電腦性能越好，
越能高速大量計算。

一般電腦　　　　超級電腦　　　　　量子電腦

網際網路

連接全球的巨大通訊網路

讓具備通訊功能的電腦相互連接和通訊，這樣的狀態稱為通訊網路，或者單純稱作網路。網際網路是彼此連接的網路，並拓展至全球規模，任何人都能使用。

網路有各種形態或規模。只能在公司和學校等有限範圍內使用的小型網路，稱為區域網路（Local Area Network，簡稱LAN）。在家庭內連結個人電腦、印表機或智慧型手機的網路，同樣也是區域網路。

區域網路分為有實體線路的有線區域網路，以及使用電波的無線區域網路（Wi-Fi）。

有時候，會連結不同地區的區域網路（例如總公司和分公司），形成跨接範圍更廣的網路，相對於範圍較小的區域網路，這種網路稱為廣域網路（Wide Area Network，簡稱 WAN）。

全球有無數的區域網路或廣域網路，將這些連結起來形成的巨大網路，就是網際網路。連上網際網路後，區域網路或廣域網路的電腦就能相互通訊。

網際網路如同網眼，
連結了不同的電腦。

伺服器電腦　　　　　　路由器

KEYWORD

通訊網路／網路／網際網路／區域網路／有線區域網路／
無線區域網路／廣域網路

5G 通訊技術概念股

隨著網路發展，受網路覆蓋的地區越來越廣、使用人數不斷增加，而與網路相關的技術也持續發展，如 5G 通訊關鍵技術之一的 SDN、Wi-Fi 6 等。

網路－SDN：

智邦（2345）、明泰（3380）、安瑞-KY（3664）、眾達-KY（4977）、華星光（4979）

網路－Wi-Fi 6：

瑞昱（2379）、聯發科（2454）、神準（3558）、正文（4906）、立積（4968）、中磊（5388）、啟碁（6285）

網路－互聯網＋：

所羅門（2359）、零壹（3029）、數字（5287）、中菲（5403）、精誠（6214）、網家（8044）

（資料來源：Goodinfo! 台灣股市資訊網。）

IT小辭典

• 什麼是SDN？

SDN（software-defined networking，軟體定義網路）是一種新型網路架構。把傳統網路中管理網路的控制層（Control Layer）與資料層（Data Layer）分離開來，將網路的管理權限，交由控制層的控制器軟體負責。

控制器軟體就像人類的大腦，能靈活統一的下達指令給眾多網路設備，如此一來，網路設備則只須專注於封包的傳遞，這種集中管理網路的方式，將能大幅提升網路資源控管與使用效率

• 什麼是Wi-Fi 6？

2019年起，Wi-Fi聯盟（Wi-Fi Alliance，簡稱WFA，是一個商業聯盟，擁有Wi-Fi的商標，負責Wi-Fi認證與商標授權的工作，也負責制定Wi-Fi的標準）為了簡化名稱，改以數字來命名新的標準，於是Wi-Fi 6這個名稱就出現了（舊命名為802.11ax），這便是Wi-Fi聯盟推出的最新無線區域網路標準。

當Wi-Fi 6在繁重的頻寬使用情境下，可改善速度、增加效能並減少堵塞。IEEE 802.11系列中，之前的802.11b、802.11a、802.11g、802.11n、802.11ac，也重新取名為Wi-Fi 1、Wi-Fi 2、Wi-Fi 3、Wi-Fi 4、Wi-Fi 5。

路由器

讓個人電腦和智慧型手機能同時連網

> 家庭之類場所中，個人電腦和智慧型手機等多個裝置要連接網際網路，必須用到路由器。而透過區域網路線或無線區域網路（如 Wi-Fi）連接路由器，可以讓網路彼此連接。

要使用光纖等網際網路連線服務，必須先有一臺光纖數據機。電腦使用的數位訊號和光纖訊號不同，但網路終端設備會幫我們轉換。個人電腦等裝置可直連光纖數據機上網，但如果有多臺裝置想同時上網的話，就會用到路由器。

路由器能夠連接不同的網路，並中繼和轉送數據。當用在家庭內，可將家中區域網路的數據，中繼和轉送到網際網路服務供應商的網路。

家中使用的路由器，大多具備無線區域網路的功能，也有一些路由器是與數據機整合在一起。

KEYWORD

路由器／無線區域網路／光纖數據機／數位訊號／光纖／區域網路／
網路／網際網路服務供應商

路由器是
連結網路和網路的裝置。

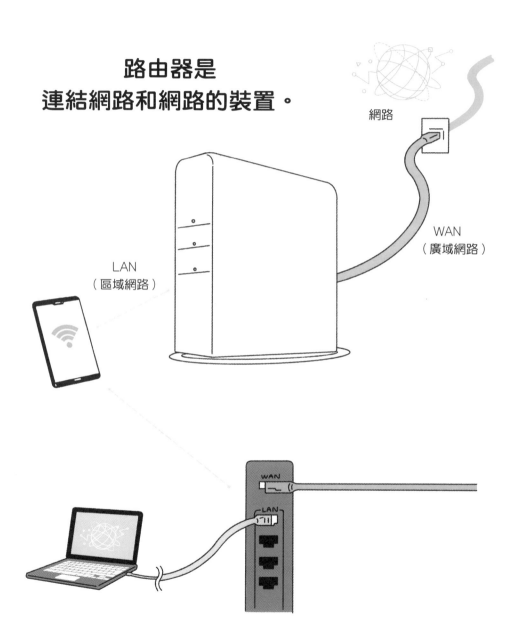

網路

WAN
（廣域網路）

LAN
（區域網路）

WAN

LAN

<table>
<tr><td>WORD
18</td><td># Wi-Fi
使用電波的通訊方法之一</td></tr>
</table>

無線通訊方式有許多種類，其中一種是無線區域網路。目前最普及的無線區域網路國際標準規格是IEEE 802.11系列，而Wi-Fi就是IEEE 802.11系列規格的別名。

　　無線區域網路是使用電波在網路內通訊的技術。Wi-Fi這個品牌名稱，由普及無線區域網路的國際商業聯盟Wi-Fi Alliance（Wi-Fi聯盟）所決定，個人電腦和智慧型手機等無線區域網路裝置，只要受該聯盟認定可支援IEEE 802.11系列，就能使用Wi-Fi的名稱或標誌。目前Wi-Fi和無線區域網路，在大多情況下是同義詞。

　　在無線區域網路之中，子機的無線區域網路裝置會連接母機的存取點（無線基地臺）來通訊。存取點擁有自己的固有識別名稱（ESSID，擴充服務集定識別碼），無線區域網路裝置在連接時要指定識別名稱。另外，由於電波容易被攔截，一般為了隱藏通訊內容，會使用WPA2等加密方式。當使用有加密的無線區域網路時，就需要同時輸入識別名稱和密碼。

KEYWORD
無線區域網路／IEEE 802.11系列／Wi-Fi／存取點／ESSID／WPA2

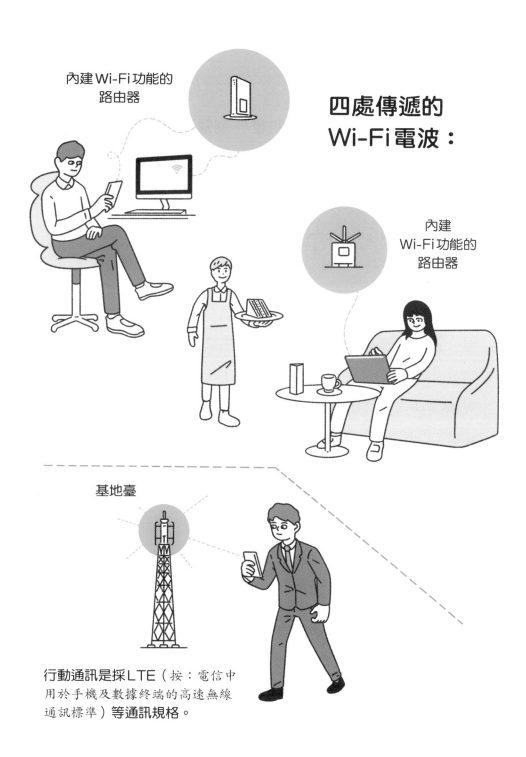

內建Wi-Fi功能的
路由器

四處傳遞的
Wi-Fi電波：

內建
Wi-Fi功能的
路由器

基地臺

行動通訊是採LTE（按：電信中
用於手機及數據終端的高速無線
通訊標準）等通訊規格。

網頁

在網際網路世界瀏覽資訊的單位

網際網路上公開了各種資訊，提供的單位是網頁。瀏覽網頁的系統是WWW（World Wide Web，全球資訊網），而網頁是由網頁伺服器提供，並由網頁瀏覽器接收、展示內容。

在WWW上，網頁瀏覽器會向網頁伺服器請求網頁內容（網頁提供的資訊內容），再由網頁伺服器回送。網頁透過超連結相互聯繫，因此可從正在查看的網頁，輕鬆移動到不同的網頁。而World Wide Web之所以有此命名，是因為它的超連結遍及全世界，有如蜘蛛網（Web）一般。

目前網際網路提供各種服務，可透過網頁瀏覽器加以利用。服務的操作畫面會用網頁顯示，操作後，資訊就會送到網頁伺服器，在那裡會使用各種應用程式來處理資訊，並回傳結果。這類以WWW技術為基礎的應用程式，稱為網路應用程式。

KEYWORD
網頁／WWW／網頁瀏覽器／網頁伺服器／網頁內容／網路應用程式

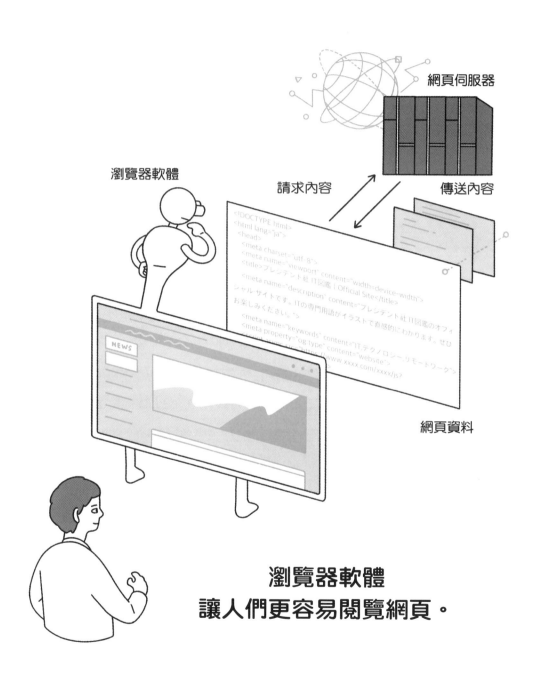

網頁伺服器

瀏覽器軟體

請求內容

傳送內容

網頁資料

瀏覽器軟體
讓人們更容易閱覽網頁。

WORD 20

HTML、CSS

想傳遞的資訊用 HTML，傳達方式靠 CSS

網頁上想傳達的內容（資訊）和其結構，會用 HTML 語言撰寫。為了讓該內容更容易傳遞，必須整頓外觀或設計，這時就會使用名為 CSS 的樣式表。

撰寫網頁時，會用到 HTML（Hyper Text Markup Language，超文本標記語言）和 CSS（Cascading Style Sheets，階層式樣式表）。

HTML 是為了撰寫網頁要傳達「什麼」，CSS 則是用來呈現「該用哪種形式」傳達。使用 CSS，能夠指定 HTML 文件中文字的字型、顏色、大小、顯示位置、背景等外觀元素。以前文件的外觀也會用 HTML 指定，後來為了分離外觀和文件結構，於是開始使用 CSS 來指定顯示的格式。

HTML 和 CSS 各自分攤不同的工作，所以想變更設計時，只要更改 CSS 即可。配合裝置種類、變更顯示格式的回應式網頁設計，也一樣只要設定 CSS 就能實現。

KEYWORD
網頁／HTML／CSS／樣式表／回應式網頁設計

負責基本架構
和內容資訊。

可上色、添加圖片和動畫，
讓網頁看起來更舒服。

URL

WORD
21

網頁的存放位置在哪裡？

瀏覽網頁時，會在瀏覽器的網址列輸入http或https開頭的字串。此字串是一種叫做URL的描述方法，用來指定某個存放在網際網路上的網頁。

網頁瀏覽器會請求網頁伺服器提供URL（Uniform Resource Locator，俗稱網址）所指定的網頁資料。URL會指定取得網頁的通訊手段（稱為方案〔Scheme〕）和網頁的存放位置。

一般網頁的方案名稱會指定為http；要加密通訊內容時，則會使用https。位置的指定方式依存放地點而異，基本上會按照網頁伺服器的名稱、網頁伺服器內的檔案存放位置依序指定。

比方說，指定http://www.example.com/new/sample.html這個URL時，代表向www.example.com這個網頁伺服器，請求資料夾new裡頭的檔案sample.html。

KEYWORD

URL／網頁瀏覽器／網址列／http／https／網頁伺服器／網頁

URL上寫了想存取的資訊在哪裡，
又要怎麼去。

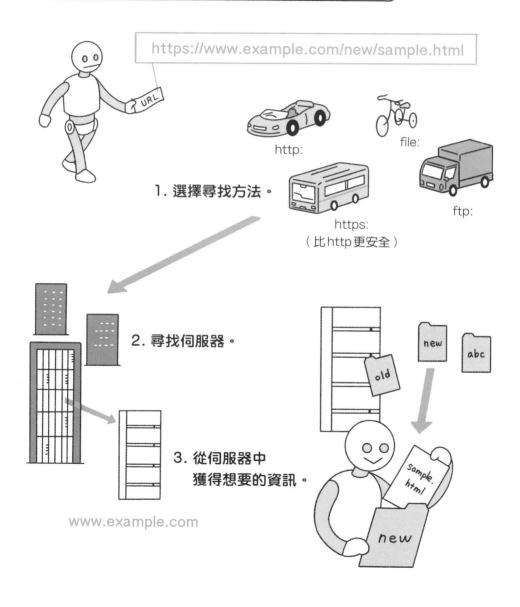

https://www.example.com/new/sample.html

http:

file:

1. 選擇尋找方法。

https:
（比http更安全）

ftp:

2. 尋找伺服器。

new

abc

old

3. 從伺服器中
獲得想要的資訊。

sample.html

new

www.example.com

串流媒體

WORD
22

看影片像在看電視一樣的傳輸技術

串流，是網際網路上的音樂或影片傳輸服務，會使用的一種技術。由於不用等到下載完畢，可一邊接收音樂或影片的資料一邊播放，所以也會用在直播服務上。

所謂的下載，是指透過網際網路，從提供檔案的伺服器接收資料。以前在網路上觀看影片，必須先從伺服器下載完影音檔，才能夠播放。

串流媒體的開發目的，是為了讓使用者即時觀賞影音檔，它會用一定的速度從伺服器少量送出資料，然後立刻播放。播放後的檔案不會儲存在收看的裝置上，因此影音服務提供方能夠防止內容被二次利用。

除了串流之外，還有一種方法叫漸進式下載，會先下載好一定大小的檔案才播放。

KEYWORD

串流媒體／影音傳輸服務／直播／下載／漸進式下載

串流：

一種通訊方式，
觀賞時，檔案會像
河水一樣不停流過。

流過的水量（通訊量）越多，
越能流暢觀看。

下載：

儲存起來，
以便隨時觀賞。

UI、UX

WORD
23

看得見、摸得到的是 UI，靠感覺的是 UX

UI（使用者介面）是產品或服務與使用者之間的接點，意指使用者看得見、摸得到的部分。UX（使用者體驗）則表示使用者透過使用產品或服務，可得到的體驗和經驗。

電腦上操控鍵盤、滑鼠、觸控螢幕等操作，還有使用狀況或操作結果的畫面顯示等，都包含在 UI（User Interface，使用者介面）中。網站設計得讓使用者容易使用，這也算是一種 UI。

硬體（產品）或軟體（服務）中，使用者看得見、摸得到的部分，全都算是 UI。若使用者一看就懂、而且容易操作，就代表 UI 設計得很優良。

UX（User Experience，使用者體驗）顧名思義，代表使用者的體驗或經驗，使用者透過使用產品或服務所得到的印象，會直接影響評價。UI 的設計好壞會關係到是否容易使用，而好用與否，會導致 UX 提升或下降——換句話說，UI 的設計方式，是影響 UX 的重要因素。

KEYWORD
UI／UX／使用者／鍵盤／滑鼠／觸控螢幕／網站／設計

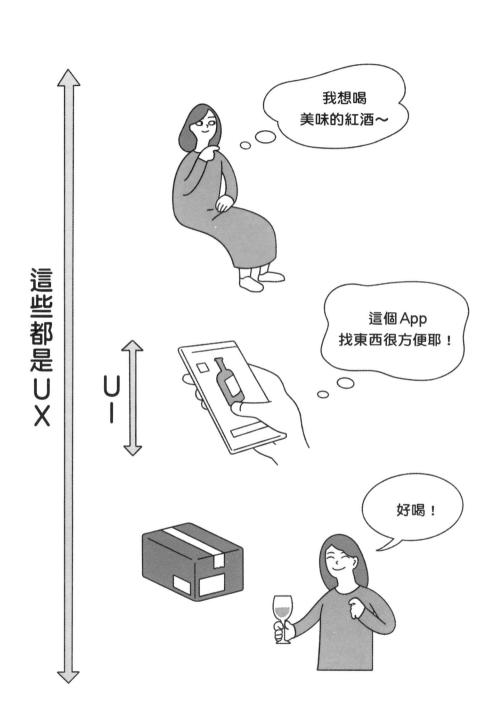

第 二 章

概念股背後的
隱藏技術

「用手機看影片」這個行為背後，隱藏了雲端、程式設計、IP 位址、壓縮等各種技術。此外，方便的科技和危險比鄰而居，所以也會有加密等安全技術的存在。本章要介紹的是生活周遭的科技背後，所隱藏的各種技術。

伺服器、用戶端

WORD 24

服務提供者與接受者

電腦或網路世界中，會以服務的方式，提供可實現各種目的的功能。提供服務的電腦和軟體稱為伺服器，服務使用方的電腦和軟體則稱為用戶端。

　　網站系統等IT系統，在運作上大多會分成伺服器或用戶端。網站系統之中，用戶端是網頁瀏覽器，伺服器是網頁伺服器。網頁瀏覽器會發出請求，網頁伺服器則負責提供內容，雙方在機制上各司其職。

　　除了網頁以外，透過網際網路使用各種服務時，網際網路的某處會有一個負責提供服務的伺服器，我們能透過智慧型手機或電腦，請求使用服務。

　　伺服器和用戶端明確劃分角色並處理的這類系統，稱為主從式架構。而由多臺電腦以對等的關係傳輸資料並處理，不像伺服器和用戶端一樣會明確分擔工作的系統，則稱為P2P（peer-to-peer，對等式網路）。

KEYWORD

伺服器／用戶端／網站系統／網頁瀏覽器／網頁伺服器／主從式架構／P2P

雲端

WORD 25

不知東西在何處，只知放在雲端中

雲端運算是指透過網際網路，將硬體和軟體化為各種服務來利用的型態。雲端一詞源自於用圖解呈現電腦的系統時，會用雲（cloud）的形狀來代表網路。

iCloud之類的網路線上儲存服務，以及Gmail等電子郵件服務，都屬於雲端服務。使用者看似在操作智慧型手機，其實操作的，是放在網際網路上的資料或軟體。

網際網路上的服務，也會用到雲端運算。服務提供商不在自己公司持有必要的資源（硬體或軟體），而是透過網路，向提供資源的雲端業者購買使用權。

雲端業者會持有「資料中心」，用來保管或提供資源，如此一來，服務提供商就不需要花錢購買軟硬體，或是自行維護。不過，因為是放在誰都能使用的網際網路上，所以容易受到惡意攻擊，雲端業者必須確保資料安全、牢不可破。

KEYWORD

雲端運算／網路線上儲存／雲端業者／資料中心

〔缺點〕

東西不在手邊，
所以有可能受到
外部攻擊。

萬一裝置損壞，
資料只要儲存在雲端上就能復原。

雲端概念股

2020 年，在COVID-19 肺炎疫情下，遠端工作加快雲端運算、視訊教學的發展，加上網購、網路訂餐等相關的電子商務，龐大商機背後仰賴伺服器提供服務，因為流量暴增會需要更快的運算能力、更多伺服器，進而帶動概念股發展。

● 雲端－雲端伺服器：

川湖（2059）、光寶科（2301）、台達電（2308）、英業達（2356）、金像電（2368）、廣達（2382）、新巨（2420）、建準（2421）、凌群（2453）、全漢（3015）、喬鼎（3057）、緯創（3231）、雙鴻（3324）、其陽（3564）、安瑞-KY（3664）、營邦（3693）、神達（3706）、中菲（5403）、振發（5426）、精誠（6214）、尼得科超眾（6230）、立端（6245）、台燿（6274）、元山（6275）、康舒（6282）、勤誠（8210）

● 雲端－雲端應用：

川湖（2059）、台達電（2308）、鴻海（2317）、仁寶（2324）、友訊（2332）、智邦（2345）、宏碁（2353）、鴻準（2354）、英業達（2356）、華碩（2357）、技嘉（2376）、微星（2377）、廣達（2382）、中華電（2412）、新巨（2420）、建準（2421）、凌群（2453）、華經（2468）、資通（2471）、普安（2495）、宏達電（2498）、全漢（3015）、奇鋐（3017）、零壹（3029）、科風（3043）、台灣大（3045）、喬鼎（3057）、立德（3058）、銘異（3060）、建漢（3062）、緯創（3231）、雙鴻（3324）、明泰（3380）、聯鈞（3450）、力致（3483）、神準（3558）、

其陽（3564）、安瑞-KY（3664）、營邦（3693）、合勤控（3704）、

神達（3706）、聯光通（4903）、遠傳（4904）、正文（4906）、

前鼎（4908）、華星光（4979）、新鼎（5209）、信驊（5274）、

聚碩（6112）、凌華（6166）、關貿（6183）、精誠（6214）、

尼得科超眾（6230）、立端（6245）、普萊德（6263）、宏正（6277）、

康舒（6282）、旭隼（6409）、元太（8069）、勤誠（8210）、

新漢（8234）、商之器（8409）

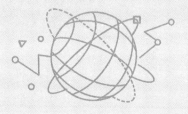

（資料來源：Goodinfo!台灣股市資訊網。）

WORD
26

虛擬化

以有效且最佳的方式，使用有限資源

虛擬化，指的是用軟體創造出實際不存在的「物體」。透過虛擬化，可以將一個實體的硬體虛擬成好幾個，也能整合多個硬體，讓它們看起來像是一臺硬體。

　　雲端運算等在使用電腦時，會需要CPU、記憶體、OS、儲存裝置、伺服器電腦等各式各樣的資源。善用虛擬化的機制，即可有效利用有限的資源。

　　以雲端運算為例，是透過虛擬化，在一臺實體的伺服器電腦上虛擬出多臺電腦（稱為虛擬機）。利用這個方式，可讓兩個以上使用者共享資源，稱為伺服器虛擬化。

　　虛擬化的樣貌依目的而異，比方說，桌面虛擬化或應用程式虛擬化等。桌面虛擬化和應用程式虛擬化，是指在伺服器端管理桌面和應用程式，並配合用戶的使用環境，虛擬出桌面和應用程式以供使用。

KEYWORD

虛擬化／伺服器電腦／虛擬機／伺服器虛擬化／桌面虛擬化／應用程式虛擬化

只有一臺電腦，
但想用在不同的地方時⋯⋯

可配合用途，
用虛擬化的方式
分割使用電腦！

個人資料

WORD 27

辨識「你」的重要資訊

在這個資訊社會中，有大量個人資料被蒐集，或是利用在各種目的上。由於個資不當利用或外流的事件頻頻發生，所以國內外要求適當管理個資的呼聲高漲；歐盟實施的《一般資料保護規範》也是其中之一。

在這個資訊社會中，價值最高的就是個人資料，包含GAFA（Google、Apple、Facebook和Amazon）等平臺業者在內，許多企業因為取得大量個資而獲利。

雖然個資提供者可以免費使用服務，或是取得個人化的商品或服務推薦，卻無法掌握提供出去的個資，是怎麼被管理的。若是未適當保管個資，可能會侵害到個人隱私。

2018 年時，歐盟施行了《一般資料保護規範》（*General Data Protection Regulation*，簡稱GDPR），大為加強使用個人資料的規範。其中明文規定管理個資的權利，並嚴格限制將個資轉移到歐盟外部。若有企業組織違反情事，將會被科以高額罰款（上限為全球年度總營收 4% 或 2,000 萬歐元，以較高者為準）。

生物辨識

WORD
28

使用身體資訊提升安全性

指紋能當作犯罪證據，是因為它屬於個人專屬的資訊。為了登錄電腦、系統或服務，有時會用登錄者的指紋來驗證。這種利用個人身體資訊的方式，稱為生物辨識。

存取電腦、系統或服務必須通過驗證，而大多情況下，會採用帳號與密碼的組合當作認證資訊，但現在採用非密碼驗證的地方越來越多，其中一種方式就是生物辨識。

生物辨識會用到指紋、手指或手掌的靜脈特徵、虹膜或視網膜等生物資訊，有時也會依照走路方式或眨眼等身體動作，或是筆跡及聲紋來判定。

密碼是「只有本人知道」的資訊，生物辨識則是「本人獨有」的資訊。

生物辨識會把生物資訊登錄在電腦或系統的驗證系統中，以供日後登錄時比對。目前在智慧型手機和個人電腦的登錄、銀行ATM、出入境管理等，都能看見生物辨識的蹤影。

KEYWORD
驗證／生物辨識／生物資訊／指紋／靜脈特徵／虹膜／視網膜／驗證系統

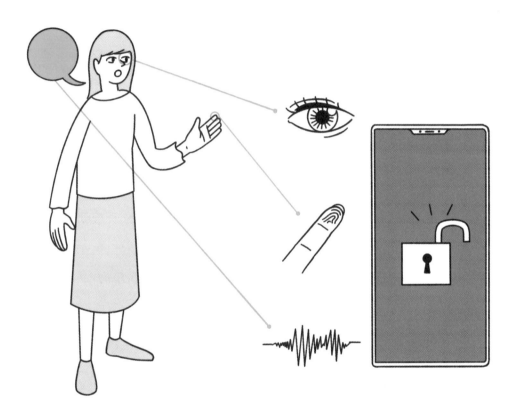

使用本人獨有的資訊
以提升安全性。

GPS

為何能知道此刻自己身在何處？

GPS是一種使用人造衛星定位所在位置的系統，中文譯為全球定位系統。GPS接收器會接收GPS衛星發出的訊號，計算出所在位置的經緯度資訊。此系統由美國負責營運。

GPS（Global Positioning System）原本是美國為了軍事目的而開發的系統，目前有33顆GPS衛星在高度2萬公里的太空軌道上移動。在地面可透過接收多顆衛星發出的GPS訊號，定位目前的所在位置。GPS接收器目前已配備在智慧型手機、車用衛星導航、IoT（物聯網，詳見WORD 75）裝置等設備上。

Google地圖這類地圖App可查詢附近的位置資訊，還能計算前往目的地的路徑及所需時間，而這些功能需要現在目前位置，所以會用到GPS。

遊玩《精靈寶可夢GO》（*Pokémon GO*）這類位置資訊遊戲，或是尋找遺失的手機，也會用到GPS。然而，在社群網站上投稿的照片若添加位置資訊，可能會有洩漏居住地等隱私資訊的風險。

2018年，俗稱日本版GPS的「引路號」（Michibiki）正式上線服務。

通訊的GPS衛星數量越多，
就能更精確掌握使用者的位置。

KEYWORD

GPS／人造衛星／GPS接收器／車用衛星導航／IoT裝置／地圖App／
位置資訊遊戲／引路號

半導體

成為 IT 基礎的礦物

半導體這種物質，同時具備導電和不導電的性質。電腦只用 0 和 1 來處理所有的資訊，而半導體可透過導電（On）和不導電（Off）的性質，來傳達 0 和 1。

金屬這類導電性佳的物質稱為「導體」，陶瓷和玻璃這類幾乎不導電的物質，則稱為「絕緣體」。半導體的性質介於兩者之間，有時可通電，有時絕緣。當電阻（一個物體對於電流通過的阻礙能力）越大，電流越不容易通過，反之就越容易。

半導體的材料有矽（Si）或鍺（Ge）等，目前矽是最常使用的材料。

使用半導體可製作電晶體（詳見 WORD 13）或 IC（積體電路，詳見 WORD 14）等電子零件。

半導體目前使用在智慧型手機、個人電腦、遊戲機、電視、冰箱、LED 燈泡、汽車、醫療設備等各種電器產品上。

KEYWORD

半導體／導體／絕緣體／電阻／矽／鍺／電晶體／IC／電子零件

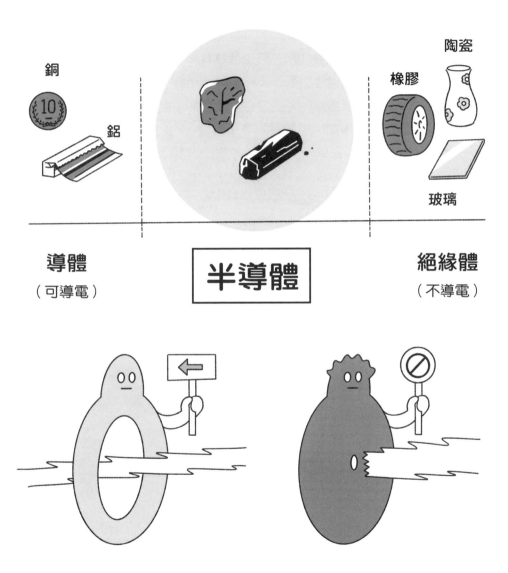

銅

鋁

陶瓷

橡膠

玻璃

導體
（可導電）

半導體

絕緣體
（不導電）

半導體可依條件，時而導電，時而不導電……

半導體概念股

半導體到目前為止分為 3 代，第 1 代材料是矽、鍺等；第 2 代材料是砷化鎵、磷化銦等；第 3 代材料是氮化鎵、碳化矽等，是半導體提高效能的解方之一，更符合未來趨勢（但第 1 代不會被取代，而是依特性不同，應用在其專長領域），投資人也持續關注晶圓代工業。

• 半導體－18 吋晶圓：

中砂（1560）、台積電（2330）、盟立（2464）、辛耘（3583）、家登（3680）

• 半導體－MOSFET（金氧半場效電晶體）：

聯電（2303）、台積電（2330）、茂矽（2342）、嘉晶（3016）、尼克森（3317）、台勝科（3532）、達能（3686）、漢磊（3707）、杰力（5299）、世界（5347）、中美晶（5483）、茂達（6138）、合晶（6182）、元隆（6287）、大中（6435）、紘康（6457）、環球晶（6488）、捷敏-KY（6525）、富鼎（8261）

• 半導體－RF IC（射頻晶片）：

瑞昱（2379）、聯發科（2454）、笙科（5272）

• 半導體－功率半導體：

台積電（2330）、茂矽（2342）、順德（2351）、強茂（2481）、嘉晶（3016）、尼克森（3317）、健策（3653）、德微（3675）、漢磊（3707）、界霖（5285）、杰力（5299）、世界（5347）、

台半（5425）、大中（6435）、捷敏-KY（6525）、虹揚-KY（6573）、
朋程（8255）、富鼎（8261）

● 半導體－三五族：

全新（2455）、穩懋（3105）、環宇-KY（4991）、宏捷科（8086）

● 半導體－台積電概念股：

漢唐（2404）、精材（3374）、創意（3443）、世禾（3551）、
家登（3680）、日月光投控（3711）、世界（5347）、帆宣（6196）、
迅得（6438）、環球晶（6488）、精測（6510）、愛普（6531）

● 半導體－矽智財（智慧財產權核）：

智原（3035）、創意（3443）、力旺（3529）、世芯-KY（3661）、
晶心科（6533）、M31（6643）

（資料來源：Goodinfo! 台灣股市資訊網。）

IT小辭典

● 什麼是三五族？

　　三五族（III-V 族）是指化學元素週期表中的 IIIA 族元素
硼（B）、鋁（Al）、鎵（Ga）、銦（In）、鉈（Tl），以及 VA
族元素氮（N）、磷（P）、砷（As）、銻（Sb）、鉍（Bi）。
通常所說的三五族半導體，是由上述 IIIA 族和 VA 族元素組
成的二元化合物（由 2 種元素所組成之化合物），它們的成
分化學比都是 1：1。

程式設計

命令電腦做你想要的事情

WORD 31

程式設計是指撰寫操作電腦用的程式。人類要讓電腦處理事情時，可以直接使用既有的程式；如果沒有程式，就必須從零開始撰寫。

程式設計這個行為是指對電腦下達指令，要求電腦照人類的意圖來處理。

電腦只懂 0 和 1 兩種數字，這稱為機器語言。人類很難使用機器語言製作程式，所以會使用容易進行程式設計的程式語言。

程式語言記載的程式字串，稱為原始碼。在程式設計中，會依照程式語言的「詞彙」和「文法」撰寫原始碼，然後儲存成檔案。在執行程式語言撰寫的程式時，則會先轉換成電腦能夠理解的機器語言。

程式語言有C語言、C++、Java、Python、Ruby等各種類型，各有不同用途。

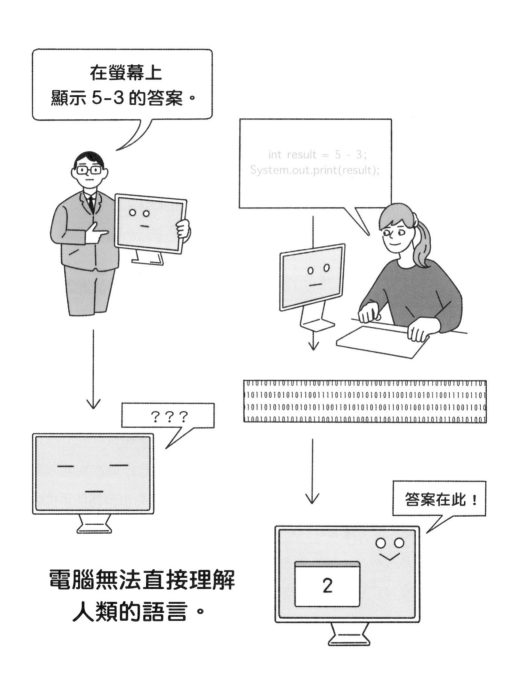

電腦無法直接理解
人類的語言。

C 語言、C++

WORD
32

最古典的程式語言

C語言是 1970 年代開發的命令型程式語言。Perl等多種程式語言，都以C語言為基礎開發而成。UNIX電腦作業系統也是以C語言撰寫。C++是讓C語言支援物件導向的程式語言。

　　已存在好一段時間的C語言難度很高，因為程式設計師要撰寫的地方很多；換個角度來看，也能說C語言的自由度或通用性高，可做到各種事情，且支援的設備範圍很大，除了超級電腦會使用外，家電或工廠設備等機器的內建軟體，也常用C語言撰寫。

　　C++是C語言的進化型，也是一種高難度的語言，大多用於大型系統或需要高性能的程式上。C++也支援物件導向程式設計，但Java出現後，物件導向開發語言就不再是主流。物件導向程式設計會將資料與處理方式（步驟）統一成「物件」，透過組合物件單位來撰寫程式。（按：傳統的程式設計，主張將程式看作一系列函式的集合；物件導向相反，程式中包含各種獨立而又互相呼叫的物件，而每個物件都應該能夠接受、處理資料，並傳達給其他物件。）

KEYWORD
程式語言／C語言／命令型／Perl／UNIX／C++／Java／物件導向

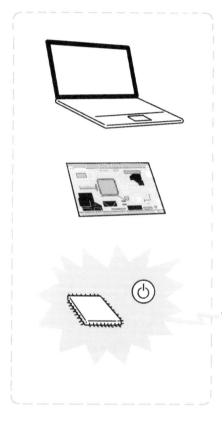

最基礎的電腦語言

可操作電腦的內部核心或機制

C語言的兒子C++

C++的親戚C#
（衍生自C和C++的
物件導向程式語言）

WORD
33

Java

物件導向語言的代名詞

1995 年問世的 Java，是以 C 語言和 C++ 為基礎開發的物件導向程式語言。當初用途有限，但現在網頁瀏覽器上的動畫創作等各種領域，都會利用 Java。

Java 不受限於電腦的機種或作業軟體的類型，在不同的環境都能正常驅動程式。家電等內建的系統、遊戲軟體、智慧型手機 App、銀行的核心系統……許多軟體都是用 Java 撰寫。

Java 原本是由昇陽電腦（Sun Microsystems）開發，以開源軟體（免費開發和公開程式碼，使用者可自由變更或重新發布的軟體）的方式一路發展至今。2009 年，該公司被甲骨文（Oracle，全球性大型企業科技軟體公司）併購。隨著甲骨文接手繼續開發 Java，當初「開源軟體」的定義也變得模糊不清。

Google 的 Android 也是用 Java 開發的。2010 年，甲骨文控告 Google 侵害專利和著作權，之後兩方不斷上訴、控訴，官司目前尚未落幕。

KEYWORD
程式語言／Java／開源軟體／Android

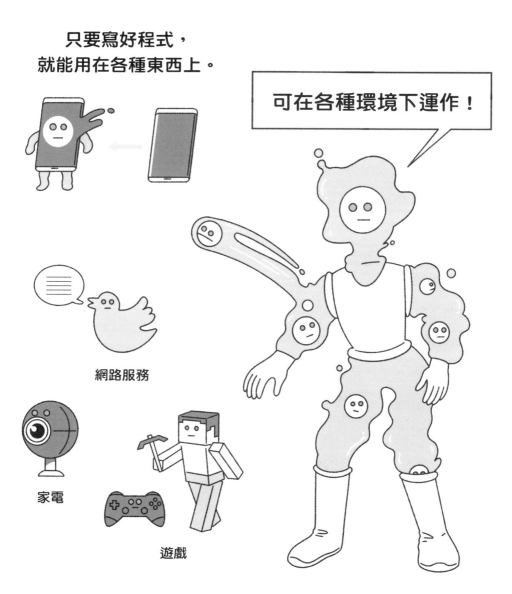

只要寫好程式，
就能用在各種東西上。

可在各種環境下運作！

網路服務

家電

遊戲

可用在很多地方。

WORD 34

Python
在 AI 領域有實績的語言

Python 是 1991 年問世的程式語言，相較於學習和撰寫難度都高的 C 語言，其特徵為構造簡單、容易撰寫，且可活用豐富的函式庫（library），在各種用途上發揮功能。

　　Python 是可免費使用的開源手稿語言，且極具實用性和學術性。手稿語言是一種簡單程式語言，特色為構造單純且淺顯易懂，是為了縮短傳統的「編寫、編譯、連結、執行」（edit-compile-link-run）過程而建立的程式語言。

　　Python 還有一個特徵，就是提供了豐富的函式庫，可廣泛利用在各種領域中。函式庫整理了許多可達成特定功能的程式，使用者能夠呼叫使用。即使是複雜且重要的處理，也能透過呼叫函式庫來處理，不用撰寫大量的程式碼。

　　舉例來說，深度學習（機器學習的分支，詳見 WORD 85）是由 TensorFlow 這個 Python 函式庫負責處理，因此 TensorFlow 成為深度學習或機器學習的代名詞。

> KEYWORD
> 程式語言／Python／手稿語言／函式庫／TensorFlow／深度學習／機器學習

Python 有許多實用的函式庫

（內有許多可依據各種目的來選用的模組），

而且用起來很方便。

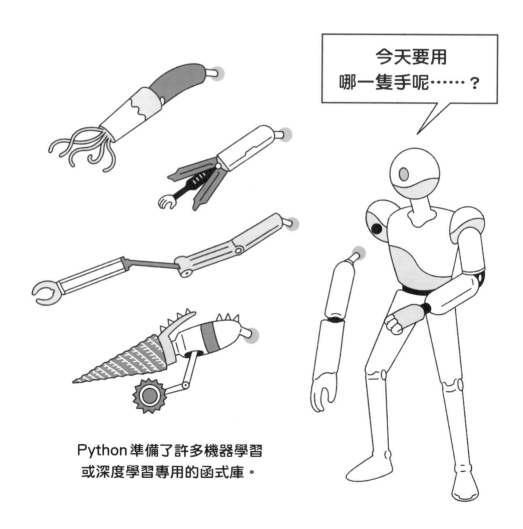

Python 準備了許多機器學習
或深度學習專用的函式庫。

WORD
35

JavaScript

以動作對應動作的語言

JavaScript是適合網頁瀏覽器使用的程式語言，能設計出互動效果（操作方式有如對話）。寫在網頁中的JavaScript程式，可在網頁瀏覽器上執行。

　　使用者在網頁瀏覽器上執行某個動作後，原本必須由網頁伺服器負責處理，再將結果回傳網頁瀏覽器。但如果處理的項目很小，例如只是變更網頁一小部分，還是要等待伺服器回傳結果，這樣也會造成伺服器的負擔。而JavaScript，就是為網頁瀏覽器的UI（使用者介面，詳見WORD 23）帶來革命的語言。

　　JavaScript的特點是可在網頁瀏覽器上直接處理，不用透過網頁伺服器。如此能夠快速對應使用者的操作，呈現動態且豐富的內容，例如在畫面上移動地圖或即時顯示時間等。

　　附帶一提，JavaScript的名稱雖有Java，但其實和Java毫無關係，兩者是完全不同的語言。

KEYWORD

程式語言／JavaScript／網頁瀏覽器／網頁／互動／UI／網頁伺服器

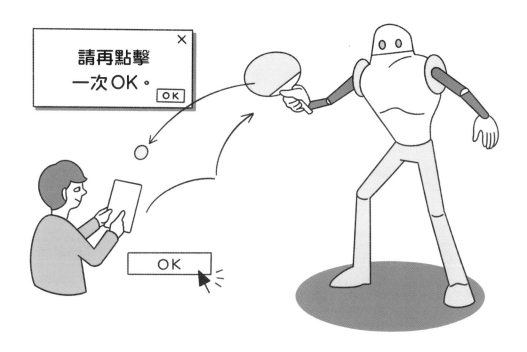

JavaScript擅長針對使用者的行動
做出反應。

名稱雖然跟Java很像，
卻是完全不同的語言喔！

Java

WORD
36

Ruby

人性化的程式語言

Ruby是日本電腦科學家松本行弘開發的程式語言，在使用上很人性化且非常直觀，所以在世界上被廣泛使用。Python（詳見Word 34）是現在以運用簡單而聞名的程式語言，但在Python流行前，Ruby曾經風靡一時。

　　Ruby的特徵在於句法和語法單純，好讀又好寫，可用在網頁服務、智慧型手機App和遊戲製作上。由於受到程式語言Perl的啟發（Perl的發音剛好同珍珠的Pearl），於是開發者選擇用Ruby（紅寶石）為其命名。

　　Perl是一種創新的程式語言，依據「方法有許多種」的開發思想，推翻了工程師的基本思維：「程式設計必須有明確用途，並嚴格遵循語法」，Ruby也繼承了其思想。使用Ruby撰寫的網頁應用框架（開發網頁服務的基礎軟體）Ruby on Rails，能夠用較短的工時，建構出一個大型的電商網站。

KEYWORD
程式語言／Ruby／松本行弘／Perl／網頁應用框架／Ruby on Rails

使用Ruby，
程式設計師可用對話的方式
撰寫程式碼。

WORD 37

Scratch
可視覺化體驗程式設計的工具

Scratch是教學用的程式設計工具，開發概念是為了讓小朋友愉快的學習程式設計——只要在畫面上堆疊積木方塊就能寫出程式，也能用來培養邏輯思考。

　　Scratch是美國麻省理工學院（MIT）的研究團隊開發的工具，可到MIT的Scratch網站（https://scratch.mit.edu/）下載。這套工具不只能在網頁瀏覽器上運行，也能在平板電腦或個人電腦等各種裝置上運行。

　　一般的程式語言是以文字輸入為基礎，Scratch則是能用視覺化的方式撰寫程式，例如只要像拼圖一樣拼組「往前一步」、「左轉」、「右轉」和「重複○次」的積木方塊，就能撰寫程式。方塊有許多種類，還能用形狀或顏色區分使用方式，甚至能自行創造新的方塊。Scratch的特徵，是將主軸放在培養程式設計所需的思考和創意發想能力，有別於一般「撰寫程式碼」思維的程式設計。

KEYWORD
Scratch／程式設計工具／麻省理工學院／邏輯思考／創意發想能力

WORD
38

演算法

解決問題的步驟

用以解決某個問題或執行指令的步驟，稱為演算法。拿電腦來說，計算的步驟就是演算法，且研究完演算法才會撰寫程式，因此想編寫一個好程式，必須有一個好的演算法。

演算法是執行某件事的「做法」或「步驟」，依照步驟進行的烹飪或洗衣等，也能說是一種演算法。

演算法會把要處理的事情，按照順序逐一排列。而電腦的演算法，需要清楚且最佳的順序。演算法完成後，通常會以流程圖的方式表現，再用程式語言呈現演算法，接著編寫出程式。

解決某個問題的演算法不會只有一個，有時演算法 A 要經過次數龐大的計算，才能得到答案；但演算法 B 只要算個幾次，就會知道答案。

程式是依據演算法編寫，所以演算法會影響到程式的大小和計算時間。

KEYWORD

演算法／程式／流程圖／程式語言

任務：抵達終點。

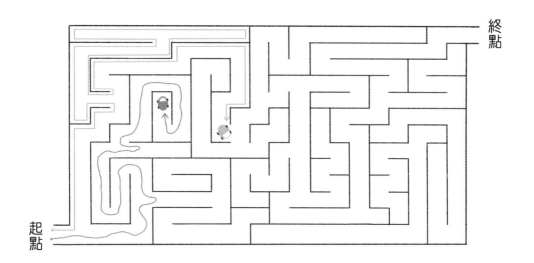

終點

起點

演算法Ａ：

「永遠沿著左側的牆壁前進。」

演算法Ｂ：

「在岔路隨機前進，遇到死路就回岔路，而且走過的路不走第二遍。」

能確實且順利抵達終點的演算法，
就是優秀的演算法。

系統設計

開發 App 的一連串步驟

開發 App 需要耗費時間和成本，為了盡可能避免多餘的作業，開頭必須先製作設計圖。開發大型且複雜的系統時，系統設計是決定系統是否好用的重要工序。

開發系統時，程式設計（即撰寫程式）會占很大的比重，但不會盲目的撰寫。

系統開發通常依循著開發流程進行。

開發流程會先確認系統的實際使用者有何要求或要件（系統的使用目的、會如何使用、何時需要等），然後制定開發計畫。接下來的步驟是系統設計，製作系統整體的設計圖（有哪些功能、架構如何等），再依製作好的設計圖進行程式設計。

程式設計前會先決定要用哪一種程式語言，並思考撰寫程式的方式，待程式設計完畢、經過各種測試後，再實際上線運用。

KEYWORD

演算法／程式／設計圖／程式語言

1.制定計畫

想製作什麼？

6.運行維護

有無漏洞？
是否需要新要素？

2.需求分析

追求哪些功能？

5.軟體測試

功能是否正常啟動？

3.軟體設計

該用哪一種語言？
如何設計系統？

4.程式編寫

撰寫程式碼。

WORD
40

敏捷開發

軟體開發要求敏捷

敏捷開發又稱敏捷軟體開發，是開發軟體的方法之一，會將軟體分割成幾個小功能並個別完成，且可彈性應對軟體所要求的要件變更，正如敏捷（agile）一詞所代表的意思。

至今使用的軟體開發方式，還有一種稱為瀑布式開發。瀑布式開發會區分不同階段，如決定軟體要件（決定目的或用途等）、設計、編寫程式、測試等，然後管理、逐級往下開發，確保開發持續下去。

瀑布式開發如果中途發現問題，就會大幅回頭修改。相較之下，敏捷開發會依各種小型的功能，來決定要件、設計、程式編寫和測試流程。透過逐一達成小目標慢慢完成軟體，便能彈性修正開發過程中發現的問題，以及變更或追加要件。

但敏捷開發的危險性在於難以預測完成時間，而且可能會大幅偏離當初制定的規格。

KEYWORD
軟體開發／敏捷開發／瀑布式開發

敏捷開發在前進時會反覆確認地圖，
比較容易應對周圍的變化。

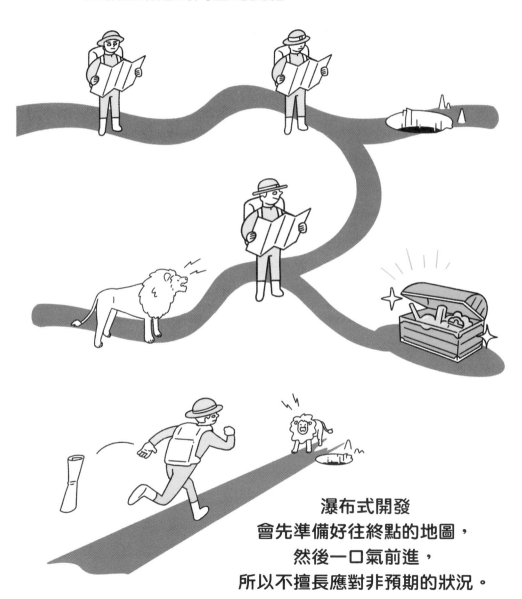

瀑布式開發
會先準備好往終點的地圖，
然後一口氣前進，
所以不擅長應對非預期的狀況。

二進位、字元碼

只有 0 和 1 的資訊給誰用？怎麼用？

電腦用 0 和 1 呈現所有的資訊，照片、音樂或影像也是 0 和 1 的集合體，每個文字則是會被分配到字元編碼來呈現。像這樣使用 0 和 1 兩個數字顯示數值的方法，稱為二進位。

電腦是用電流流動來判斷 0 或是 1 ——有電流為 1，無電流為 0 ——因此所有資訊都會替換成電腦能判斷的二進位。二進位中 1 位元會呈現兩種狀態（0 或 1），2 位元則是四種（00、01、10、11），而 3 位元是八種（000、001～110、111）；位元越多，能顯示的數字也會倍數增加。

文字（包含符號和數字）使用的是字元編碼，這會系統性的分配號碼給字元編碼系統（又稱字元集）。例如過去就在使用的 ASCII（美國資訊交換標準代碼），是用二進位的 7 位元呈現英數字和符號，字母的 A 是 1000001，B 是 1000010。

KEYWORD
二進位／字元編碼系統／ASCII

所有資料皆可用 1 和 0 呈現。

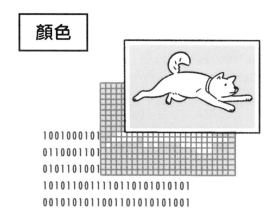

顏色

1001000101
0110001101
0101101001
10101100111101101010101
00101010110011010101001

文字

010101001
001010101
011010101
011010101
110101010
100100010101
011000110101
010110100101
101011001111
001010101100

聲音

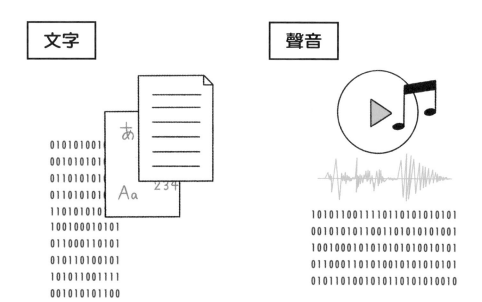

10101100111101101010101
00101010110011010101001
10010001010101010100101
01100011010100101010101
01011010010101101010010

資訊量的單位

位元和位元組代表什麼？

電腦能處理的最小資訊單位稱為位元（Bit），1 位元的顯示方式有 0 或 1 共兩種。除此之外，還會使用比位元更大的位元組（Byte），通常 1 位元組等於 8 位元。

1 位元相當於二進位的 1 位數，8 位元即二進位的 8 位數，可呈現 00000000～11111111 共 256（2^8）種資訊。位元每增加 1 個，能顯示的資訊量也會增加。

另外，也會使用位元組這個單位（8 位元＝ 1 位元組），常用來顯示儲存媒體的容量。通常在縮寫時，位元會用小寫的 b，位元組則用大寫的 B。

資訊量變大時，位元組前面會加上 K（Kilo）、M（Mega）、G（Giga）或 T（Tera）等前綴，例如用 1GB（Gigabyte）的方式來呈現。1,000 ＝ 1K、1,000 K ＝ 1M、1,000M ＝ 1G、1,000G ＝ 1T。

儲存媒體也會用 K、M、G、T 等前綴來顯示容量大小，不過 2^{10} ＝ 1,024 ＝ 1K、1,024K ＝ 1M、1,024M ＝ 1G、1,024G ＝ 1T。

KEYWORD
位元／位元組／二進位／儲存媒體／Kilo／Mega／Giga／Tera

電腦中最小的單位，
每個位子可放一個 0 或 1。

1 位元

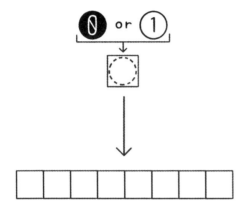

8 位元 = 1 位元組

8 位元的 0 和 1
共有 256 種組合。

圍棋盤是
19 × 19 = 361 位元

1,024 位元組（B）= 1KB（Kilobyte）

1,024KB = 1MB（Megabyte）

WORD
43
解析度
像素和視覺呈現的關係

電腦和智慧型手機的螢幕由許多小點構成。每個點（dot）稱為像素（pixel，也稱畫素），會設定好各自的顏色和亮度。影像由許多像素形成，當像素數越多，影像就越細緻。

電腦或手機的顯示器有各種尺寸，在同樣的尺寸下，如果像素數高，影像就會很細緻、清晰，反之則會看起來很模糊。

解析度會用數值顯示影像的細緻程度，單位為 PPI（Pixels Per Inch），中文是每英寸（2.54 公分）像素，也可以叫做像素密度，若數值越大，解析度越高，畫面也越細緻清晰。（按：因為一個像素可認為是由顯示器的一個「點」來顯示，因此 PPI 有時縮寫為 DPI〔Dots Per Inch，每英寸點數〕。通常 DPI 這個單位用於印刷領域，而 PPI 用於電腦領域。）

畫面解析度有許多種類，這幾年越來越偏向高畫質。HD（High Definition）高畫質電視的像素數為 1,280 × 720，full HD（2K）則為 1,920 × 1,080，而電視節目開始提供的 4K（Ultra HD）為 3,840 × 2,160、8K（Super Hi-Vision）為 7,680 × 4,320，解析度分別是 full HD（2K）的 4 倍和 16 倍。

圖畫是否看得清楚，會由像素數決定。

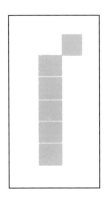
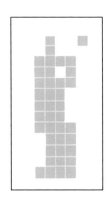

低 ⟵ 解析度 ⟶ 高

像素／解析度／4K／8K／Ultra HD／Super Hi-Vision

編碼、PCM

類比資料與數位資料的關係

聲音等類比資料是連續性的資訊，若要讓電腦處理，就必須轉換成斷續性的數位訊號。類比轉數位時，會經過取樣、量化和編碼處理。

以聲音為例，取樣（Sampling）是指沿著橫軸（時間）用一定間隔（每秒取樣率 44,100 赫茲）讀取類比聲音的波形高低（訊號大小），接著在量化（Quantization）階段，會將縱軸分割成數段（刻度），再用最接近的刻度呈現取樣到的數值（近似值化）。最後在編碼（Encoding）階段，會將量化得到的數值，用 0 和 1 的二進位來呈現。

這種從音波轉換成數位資料的方式，叫做 PCM（Pulse Code Modulation，脈衝編碼調變）。利用 PCM，可將流暢的類比音波轉換成有稜有角的階梯狀。稜角的刻度間距越小，就會越接近原本的音質，但資料量也會變大；反之，稜角的刻度間距越大，資料量自然越小，但音質也會失真。

KEYWORD

類比資料／數位資料／取樣／量化／編碼／PCM／資料量

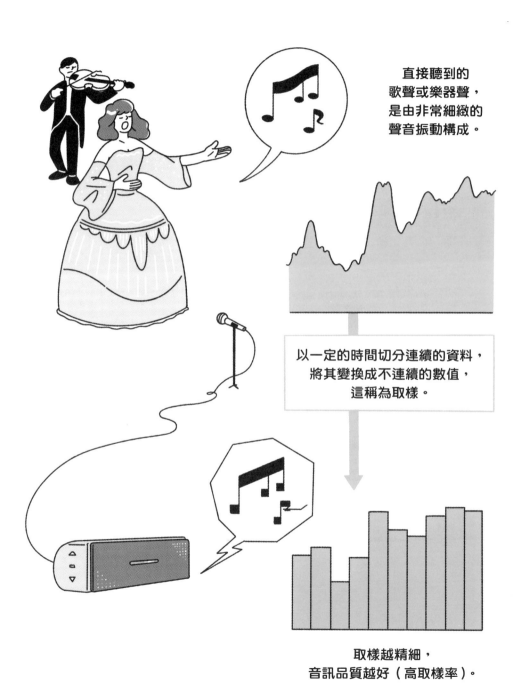

直接聽到的
歌聲或樂器聲，
是由非常細緻的
聲音振動構成。

以一定的時間切分連續的資料，
將其變換成不連續的數值，
這稱為取樣。

取樣越精細，
音訊品質越好（高取樣率）。

副檔名

這個檔案是文字？圖片？程式？

電腦處理的資料和程式，是以檔案為單位統一儲存。檔案可取名字來分辨用途或內容，在檔名的後面還會添加副檔名，以顯示檔案的種類或形式。

副檔名就是music1.mp3、picture1.jpg這類接在檔名後面的mp3或 jpg 等字串。檔名和副檔名之間用點（.）來分隔。

至於副檔名要用什麼，取決於檔案的種類和形式。文字檔是txt，PDF 檔是pdf，HTML 文件是html。

就像檔案有圖片、聲音或影片一樣，檔案形式也再細分成許多種類，個別使用不同的副檔名。例如表示圖片的副檔名有jpg、gif、png、bmp等，表示聲音的有mp3、m4a、aac、wav等。

在Windows等作業系統中，開啟檔案之後，會依副檔名自動啟動相對應的應用軟體。使用者也能自行指定該副檔名要用哪一種軟體開啟。

KEYWORD

副檔名／檔案／txt／pdf／html／jpg／gif／png／bmp／mp3／m4a／
aac／wav

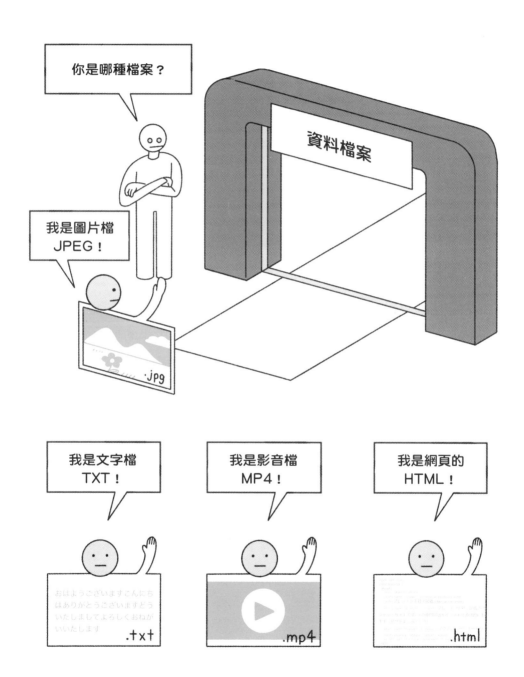

壓縮
縮小檔案大小的技術

所謂壓縮，是指依照一定的順序進行計算來縮小資料，如此一來，就可以用更小的容量（更少的位元）呈現相同的資訊，讓儲存裝置存放更多檔案，還能縮短網際網路的傳輸時間。

　　圖片、影像、聲音或程式等檔案，一旦清晰度和性能越高，資料的大小也會呈等比級數增加。而存放資料的儲存裝置（隨身碟、硬碟等）容量或通訊速度有限，因此可縮減資料大小的壓縮技術才會蓬勃發展。

　　壓縮後的資料能用相反的步驟計算將其復原，這稱為解壓縮。壓縮技術分為可復原（非破壞性資料壓縮）和無法復原（破壞性資料壓縮）兩種。

　　破壞性資料壓縮在縮減資料時會犧牲一些品質，通常使用在即便壓縮後品質降低、實際運用時也沒有影響的圖片、影片或音訊上，例如JPEG壓縮了原圖片，MP3和AAC則是壓縮了原音訊。

KEYWORD

壓縮／儲存裝置／非破壞性資料壓縮／破壞性資料壓縮／圖片／
影片／音訊／JPEG／MP3／AAC

資料太大
不好傳送。

壓縮後傳送出去
比較方便。

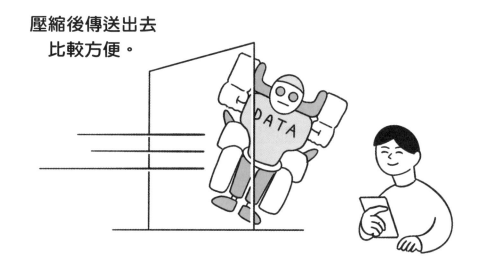

字型

設計會改變相同文字給人的印象

黑體（Gothic）和明體等，是同樣利用在設計方面，所創造出的文字樣式的集合，也有人稱為字體。電腦要在螢幕上顯示文字或列印資料時，要先從字元碼指定顯示或列印的文字，然後根據字型呈現每個字。

　　字型有許多種類，同樣一篇文章也會因為使用黑體或明體，給人不同的印象。另外，可讀性亦大幅受到字型影響，所以文章中常見到標題用黑體，本文用明體。黑體和明體也分別稱為無襯線體和襯線體。襯線是指文字邊端的裝飾襯線（按：如點、撇、捺、鉤等筆畫有尖端，若每筆畫粗細一致，就是無襯線體）。

　　相同字型也會因為粗細，給人不同的印象。字型的粗細稱為字重（Weight），由細到粗可概略分為細體、適中、粗體。

　　電腦剛問世時，使用的是點陣字型，一個字由好幾個點所構成（放大會有巨齒狀邊緣）。現在則是使用可縮放字型，不論放大、縮小，字型都不會有太大的變化。

KEYWORD

黑體／明體／字體／字元碼／字型／點陣字型／可縮放字型

光是改變字型，
文字給人的印象就會大幅改變。

DOG

DOG

DOG

DOG

快取

把馬上會用到的東西，放在好拿的地方

把馬上會用到的資料放在好拿的地方，作業效率就會提高。而把電腦內和網路上已讀取過或常用的資料，複製儲存在一個好拿取的地方，這個機制就稱為快取。

快取的英文是cache，原文有「隱藏處」的意思，也可以代表所儲存的檔案或儲存地點。為了達成高速處理或減少通訊量等目的，許多地方都會用到快取。

網頁瀏覽器的快取會儲存瀏覽過的網頁資料，之後瀏覽相同的網頁時，只要快取裡頭儲存的資料，就不需要再次下載。

另外，電腦將使用中的應用程式會用到的資料，先放到主記憶體（Main memory，又稱暫存記憶體）中，這也稱為快取。通常儲存資料用的HDD等外部儲存裝置速度較慢，主記憶體的處理速度會比較快。

為了提升處理速度，CPU內部也會用到快取的機制，先把資料放在主記憶體中。

KEYWORD

快取／通訊量／網頁瀏覽器／主記憶體／HDD／CPU

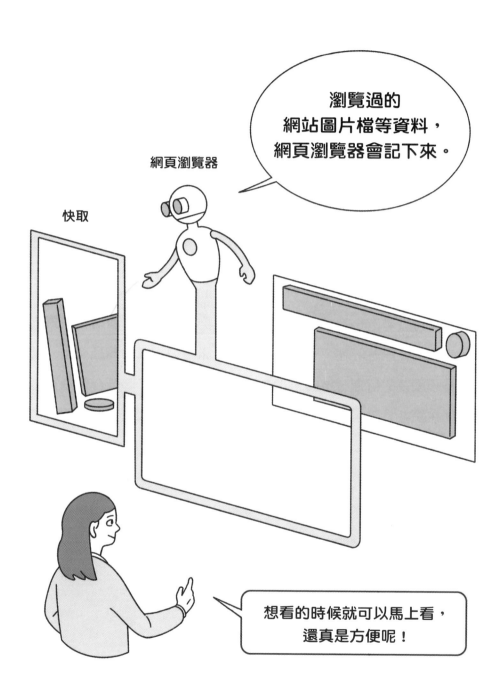

聯盟行銷（導購）

透過網路廣告獲得成功報酬

點擊網站、部落格或社群網站上刊登的廣告，就會連結到銷售網站，如果在那裡購物了，刊登廣告的人就會得到回饋佣金——這種行銷手法稱為聯盟行銷。

聯盟行銷（affiliate）亦稱導購，原文有「產生聯繫」之意。因為自行搜尋而來到網站、部落格或社群網站的人，理論上會對上頭刊載的資訊感興趣，若刊登跟這些資訊密切相關的商品廣告，就能縮小觸及的目標，讓廣告更有效率。於是出現了聯盟行銷這種方式，在網站、部落格或社群網站刊登導購廣告的人，稱為聯盟行銷商（導購業者）。

廣告主透過居中仲介的ASP（聯盟行銷服務供應商），提供廣告給聯盟行銷商來曝光；看到廣告的消費者會向廣告主下單購買商品；廣告主發送商品並收取費用後，再透過ASP支付回饋佣金給聯盟行銷商，最終達到「四贏」。

> **KEYWORD**
> 聯盟行銷／廣告／回饋佣金／目標／聯盟行銷商／ASP

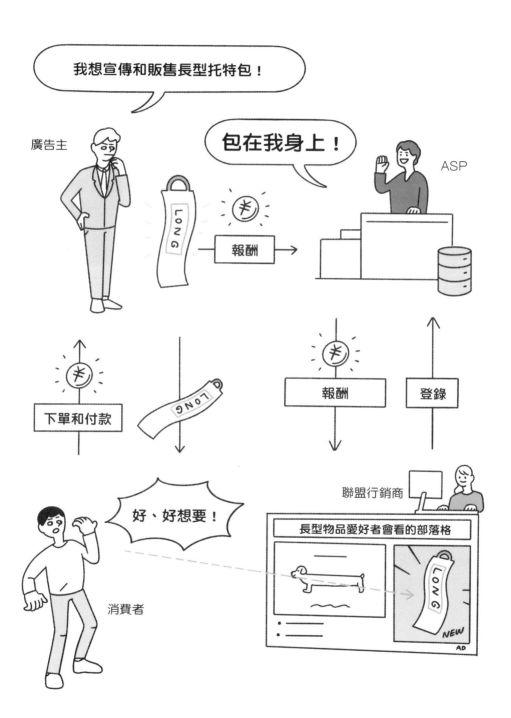

搜尋引擎最佳化

WORD
50

在網路上容易被搜尋到的方法

網站搜尋服務中，在搜尋結果顯示得越前面，越容易被搜尋者造訪。而調整網站內容，讓網站顯示於搜尋結果較前面，這種手法稱為搜尋引擎最佳化（Search Engine Optimization，簡稱 SEO）。

提供搜尋服務的 Google 等企業，擁有一種系統叫搜尋引擎。搜尋引擎會蒐集網際網路上的網站資訊，並使用獨家的演算法（計算步驟，詳見 WORD 38）來整理這些資訊，再針對搜尋關鍵字，提供系統認為最適當的搜尋結果。

企業想讓自家公司顯示在搜尋結果的前面，會引進 SEO 手法，或者是委託專門做 SEO 的業者。

SEO 有幾種方式，例如增加從其他網站連到公司網站的次數、替公司網站設定容易被搜尋到的關鍵字、配合關鍵字增加內容、在網站內放入大量的關鍵字……不過搜尋引擎的演算法不對外公開，而且時常更新，所以沒有一定會讓搜尋結果跑到最上面的方法。

KEYWORD

搜尋服務／SEO／Google／搜尋引擎／演算法／搜尋關鍵字

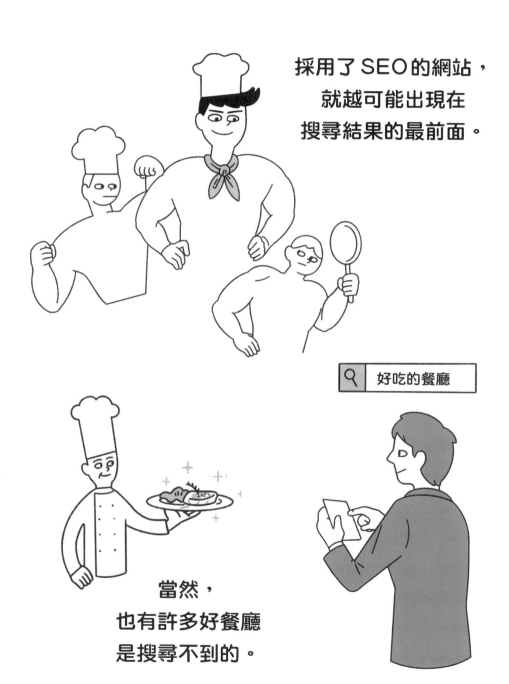

採用了 SEO 的網站，
就越可能出現在
搜尋結果的最前面。

好吃的餐廳

當然，
也有許多好餐廳
是搜尋不到的。

WORD 51 深網

搜尋引擎找不到的資訊

使用 Google 等搜尋引擎，任何人都能存取全球資訊，但搜尋引擎能找到的資訊只是整體的一小部分。一般搜尋引擎找不到的網路資訊，稱為深網或深層網站。

　　搜尋引擎內有稱為網路爬蟲（web crawler，一種用來自動瀏覽全球資訊網的網路機器人）的程式，會系統化瀏覽網路以蒐集資訊。不過網路爬蟲無法蒐集網頁上的所有資訊（有些資訊會因為限制存取而搜尋不到），比方說要登錄才能瀏覽的會員服務頁面、社群網站的個人頁面或企業的機密資訊……諸如此類無法被傳統搜尋引擎找到的內網，即為深網。

　　深網占網際網路整體資訊量約九成。相較之下，搜尋引擎可蒐集的資訊稱為表網或表層網路。深網內有個部分被稱為暗網，是網際網路中的地下社會，這些「地下網站」常成為犯罪和違法行為的溫床；由於必須直接輸入特殊的 URL（詳見 WORD 21），或透過專用瀏覽軟體連結，且會經過好幾個伺服器，故深網的匿名性較高。

KEYWORD
Google／搜尋引擎／深網／深層網路／網路爬蟲／表網／表層網路

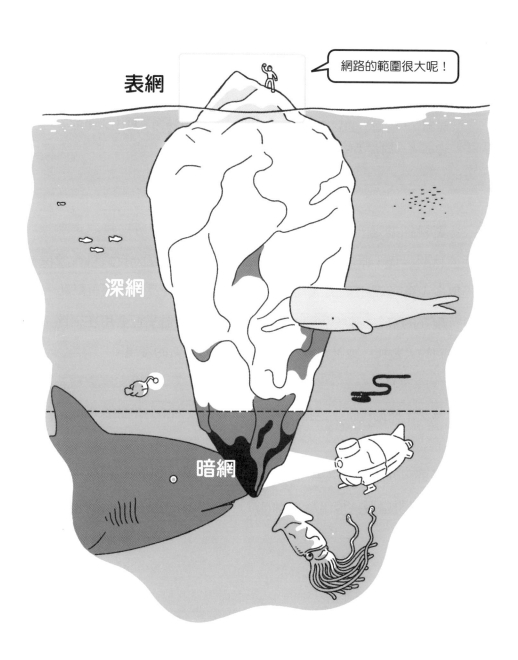

WORD 52

資料探勘

挖掘資料找出「黃金」

探勘（mining）的英文有從礦山中挖出有用的礦物之意。在 IT 領域，「挖掘」的對象是資料，所以稱為資料探勘。挖出大量的資料後，可從中發覺至今未發現的有用資訊。

資料探勘是一種手法，旨在從資料中找出可用來預測未來行動的隱藏模式，原本用在行銷，像有個趣聞說：在分析資料後發現「很多人會同時買尿布和啤酒」，因此對賣場的商品陳列很有幫助。

現在的資料探勘範圍進一步擴大，會把機器學習套用在網路上蒐集到的大數據，或進行統計分析，以獲得全新的發現。

依探勘對象而異，資料探勘可分為幾種類型：以文字資料為對象稱為文字探勘（文字挖掘），以網路為對象則稱為網路探勘（網路挖掘）。

另外，在區塊鏈（詳見 WORD 94）上產生新的區塊（交易資料），並獲得虛擬貨幣作為報酬的行為，叫做挖礦（mining）。

KEYWORD

探勘、挖礦／資料探勘／文字探勘／網路探勘

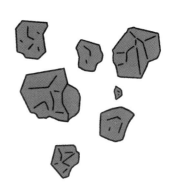

採集與分析
龐大的資料。

去除多餘的資訊
並加以研磨。

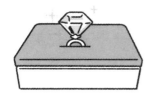

取得可使用的
貴重資訊。

通訊協定

遵守約定才能順利通訊

通訊協定（Communications Protocol，又稱網路傳輸協定）
是決定網路通訊的一種約定事項；其中protocol在外交世界
原指國際禮儀，代表語言或習慣不同的人，在交流上應遵循的
步驟和形式。規格或機制不同的機器，只要遵守相同的通訊協
定，即可彼此通訊。

　　通訊協定有許多種類，涵蓋了實體連接用的乙太網路或無線區
域網路、決定網路路徑的IP（網際網路協定）、能切實有效傳輸資料
給對方的TCP（傳輸控制協定）、可使用各種應用的HTTP（超文本
傳輸協定）或SMTP（簡單郵件傳輸協定）等。通訊協定有各種分層
（實體層、應用層等），各自的通訊協定會分攤不同的任務，以展現
效率。

　　對於網際網路上的通訊，通訊協定的基礎架構為網際網路協定
套組（常簡稱TCP/IP，因為這兩個核心協定是最早通過的標準），只
要遵從協定套組，任何電腦都能在網際網路上交換資訊。而協定套
組下的各種協定，依其功能不同，分別歸屬到4個階層：應用層、
傳輸層、網路層、連結層。

IP 位址

特定通訊對象的號碼

電腦之間在網際網路等網路上進行通訊時，會使用IP位址來特定彼此。IP位址如果重複，就無法和正確的對象通訊，所以IP位址基本上不會重複。

機器要連網，一定要有IP位址。不只是個人電腦或智慧型手機，家電和遊戲機等要連網使用時，也需要IP位址。服務商或路由器通常會在每次連網時分配IP位址，所以一般用戶不會注意到這串數字。

IP位址分為IPv4和IPv6兩種類型。如今廣泛使用的IPv4是採十進位，由4個0～255之間的整數組成，整數和整數之間會用點（.）區隔，如192.168.0.5。電腦只能處理二進位，用0或1來呈現總共會有32位元（4位元組）。IPv6則是IPv4的改良版，採十六進位，在二進位中會有128位元，所以可用的位址數量遠遠多於IPv4（按：IPv4位址空間中有 2^{32} 個位址，IPv6有 $2^{128} = 16^{32}$ 個）。

KEYWORD
IP位址／網際網路／網路／通訊／IPv4／IPv6

連網的設備，
一定會有用來識別彼此的 IP 位址。

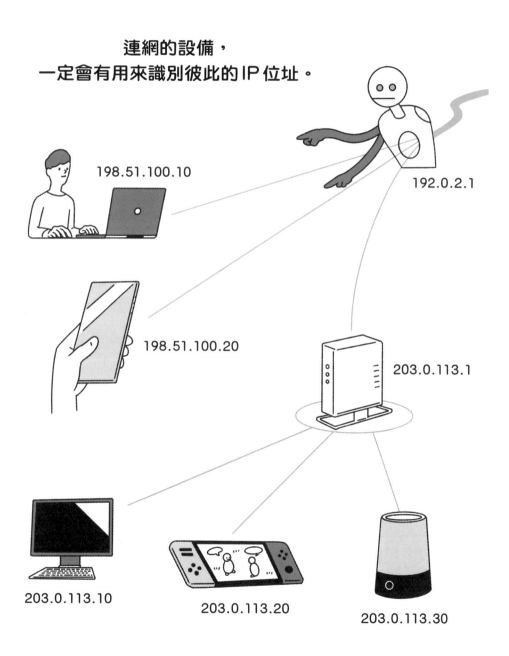

198.51.100.10

192.0.2.1

198.51.100.20

203.0.113.1

203.0.113.10

203.0.113.20

203.0.113.30

網域名稱

讓網址更淺顯易懂

像 example.co.jp 這樣的字串就是網域名稱。網域名稱是一個 IP 位址的代稱，用於代替 IP 位址，在資料傳輸時標示電腦的電子方位。網域名稱會依國家或組織等屬性，區分網域（空間）來管理。

IP 位址用來標示網路上的設備，但只有一串數字，人類用起來不太方便，於是改用英文單字組成的網域名稱，當作 IP 位址的代稱，方便人類理解。例如 example.co.jp 可看出是「位在國家 jp 的 co 地區的 example 先生」。換言之，網域名稱是一種「住址」，讓人類可以識別資料傳輸的對象。

網域名稱的管理採用層次結構。路徑的頂點是頂級域（網址最右側，如 com 或 gov 等），接下來依序往左是二級域（co 或 go 等）和三級域，會依照空間（網域）來劃分。頂級域有用來顯示組織種類的 com（商業組織）或 gov（政府機構）等，以及顯示國家或地區的 jp（日本）和 fr（法國）等名稱。

KEYWORD

網域名稱／網域／頂級域／二級域／三級域

Kyoto.jp

日本京都

animal.cn

中國動物

water.com

商用水

（com 原本是作商業目的使用，
但現在廣泛用於一般網域。）

arch.fr

法國建築

town.ukcity.gb

英國城鎮

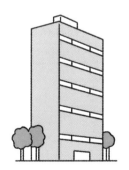

president.co.jp

President 股份有限公司

food.de

德國食物

speech.gov

政府演說

WORD
56

路由

用最佳路徑傳送資料

網際網路是由無數的網路串接構成。從 A 網路到 B 網路中繼或傳送資料的裝置叫做路由器，路由器會找出最佳路徑，把資料從源位址送往目的地，這稱為路由（Routing）。

在網際網路上要把資料送往目標電腦，會使用 IP 位址作為目的地。路由器接收到資料後，再視目標 IP 位址的狀況，判斷該把資料傳送到哪一個鄰近的路由器，才能讓目標電腦接收到。如此透過路由器的傳遞，最後將資料送到目標電腦中。

路由器會參照路由表（routing table）來引導分組轉送。路由表記錄著目標的 IP 位址（通常由目的地的網路指定），以及傳送方的路由器該如何應對，例如把目標 IP 位址是 198.51.100.16 的資料傳送到 A 路由器，位址是 198.51.100.32 的資料要傳送到 B 路由器等，進而讓目標電腦接收資料。

KEYWORD
路由／路由器／IP位址／路由表

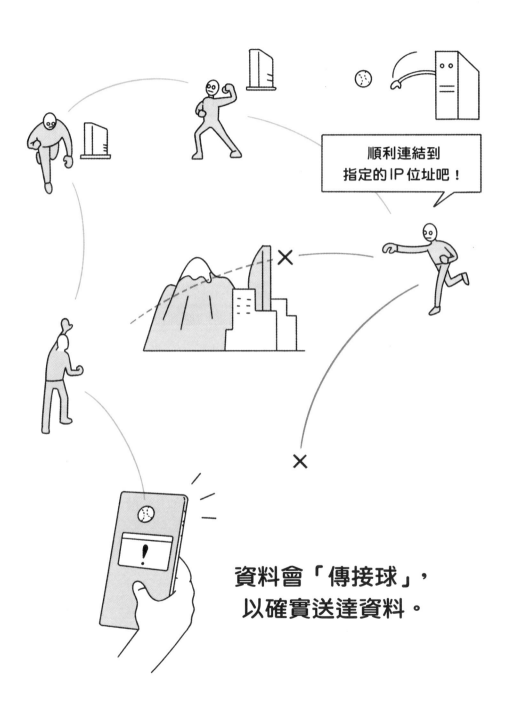

資料會「傳接球」，
以確實送達資料。

Cookie

WORD
57

分辨使用者身分的機制

瀏覽網頁時，網頁伺服器會產生一個叫 Cookie 的資料，存放在瀏覽者的個人電腦等裝置內。下次相同裝置連結到同一個網站時，網頁伺服器會檢查 Cookie 來省略認證作業或變更顯示。

瀏覽網頁的時候，通訊方式是由網頁瀏覽器先向網頁伺服器請求（request）內容，然後由網頁伺服器回應（response）網頁瀏覽器。網頁瀏覽器會調整接收到的內容，並顯示在畫面上。

Cookie 是網頁伺服器傳送並儲存在網頁瀏覽器內的資訊，對同一個網頁伺服器發送請求時，Cookie 也會被一併送回。網頁伺服器會配合送回的 Cookie 資訊，提供瀏覽器個人化的內容。

依 Cookie 而異，可在網頁顯示上次瀏覽時所設定的狀態、在網路商店繼續購物或省略登錄步驟等。另一方面，有時伺服器也會參照 Cookie 的存取紀錄，顯示多餘的廣告。

KEYWORD
Cookie／網頁伺服器／內容／請求／回應／網頁瀏覽器／存取紀錄

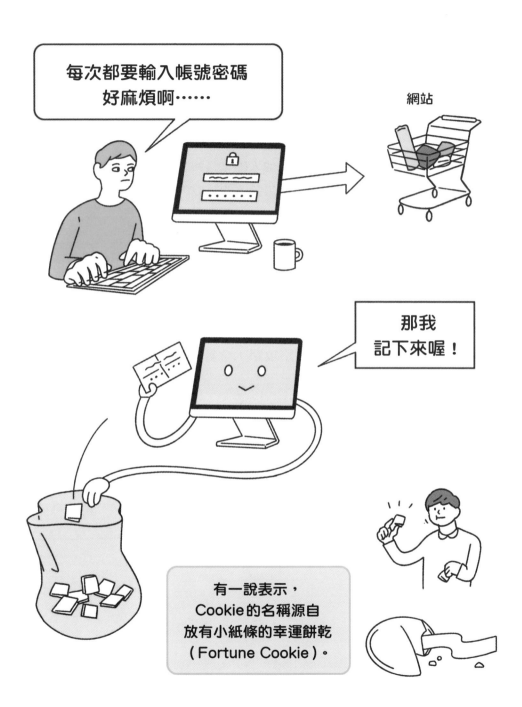

網路攻擊

發生在 IT 世界的犯罪行為

網路攻擊是指透過網路侵入他人的電腦和系統，破壞、竄改或竊取資料等。攻擊目標有時是特定的組織或個人，也可能隨機攻擊。

網路攻擊的手法形形色色，而且近年來，案例持續增加，比方說針對特定目標的計畫性攻擊，以及用惡意軟體綁架電腦、要求贖金的勒索軟體等，還有的網路攻擊，會針對軟體的設計缺陷（安全漏洞）。

由於這些攻擊者大多是「駭客」，在電腦和網路等 IT 領域有高度的技術及知識，因此駭客一詞，常被拿來稱呼網路攻擊者。但也有駭客會善用能力，保護組織不受網路攻擊危害，也就是所謂「正義的一方」，稱為白帽駭客；相對的，會造成危害的駭客，則稱為黑帽駭客或劊客（Cracker）。

KEYWORD

網路攻擊／惡意軟體／安全漏洞／白帽駭客／黑帽駭客／劊客

在網路空間展開的全新對抗。

WORD
59

駭入
你的帳號被盯上了

非經正當授權存取他人帳號的行為，稱為駭入（hacking），惡意人士會攻擊存取帳號用的認證資訊。帳號被駭可能導致信用卡遭盜刷，或者個資外流。

　　網際網路上的服務會用帳號限制可存取的人，以保障安全性。但也因為限制存取大多使用帳號及密碼，惡意人士便會用各種手段騙取這些資料，然後嘗試駭入帳號。

　　有時候，惡意人士也會利用網路釣魚這種手法來詐欺。網路釣魚是指準備一個假網站（跟真網站的外觀很類似），接著用電子郵件等發送連結，誘導目標到假網站輸入密碼等重要資訊。還有一種方法叫鍵盤側錄，可記錄鍵盤上的輸入位址，竊取重要資訊。

　　也有不依靠電腦技術的方式，這種手法稱為社交工程，特徵是利用人心的破綻，例如假扮相關人士打電話、偷取寫有資訊的便條紙，或從後面偷看操作中的畫面等。

KEYWORD
帳號／駭入／安全性／密碼／網路釣魚／鍵盤側錄／社交工程

有許多方式能駭入電腦：

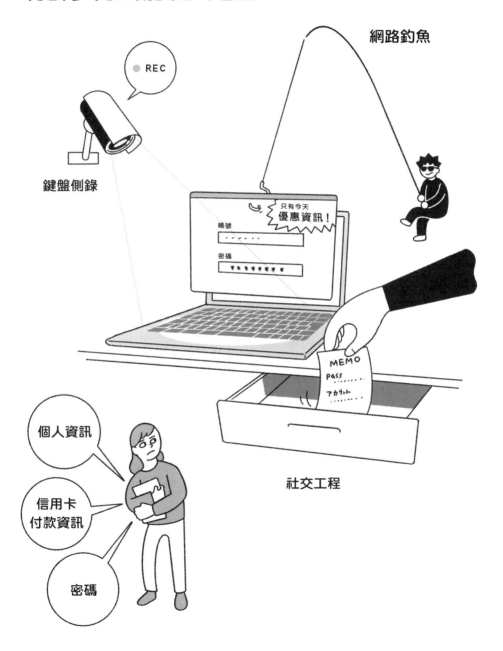

惡意軟體
帶有惡意的軟體

WORD
60

製作目的是為了對電腦造成損害的程式，統稱為惡意軟體。惡意軟體會做出各種行為，比方說擅自操作電腦、竊取或竄改電腦內的資訊，或是進行破壞等。

惡意軟體（malware）又稱流氓軟體，指的是「帶有惡意的軟體」。惡意軟體有各種感染途徑，例如開啟電子郵件的附加檔案或閱覽網頁，而導致中毒等。

惡意軟體會依其行動得名。像自然界的病毒一樣，感染檔案後再擴大感染的稱為電腦病毒；不寄生檔案、靠自我增殖的叫電腦蠕蟲；偽裝成普通程式潛入電腦的，則稱為特洛伊木馬；也有直接潛藏在電腦作業系統，探測軟體後門的類型。

其他還有：鎖住整臺電腦並要求支付「贖金」的勒索軟體、攻擊網路銀行或非法讓被害人的電腦挖礦（虛擬貨幣）的類型……近年來種類不斷增加，攻擊手段也越來越巧妙。

KEYWORD

惡意軟體／電腦病毒／電腦蠕蟲／特洛伊木馬／軟體後門／
勒索軟體／網路銀行／挖礦

惡意軟體有各種類型：

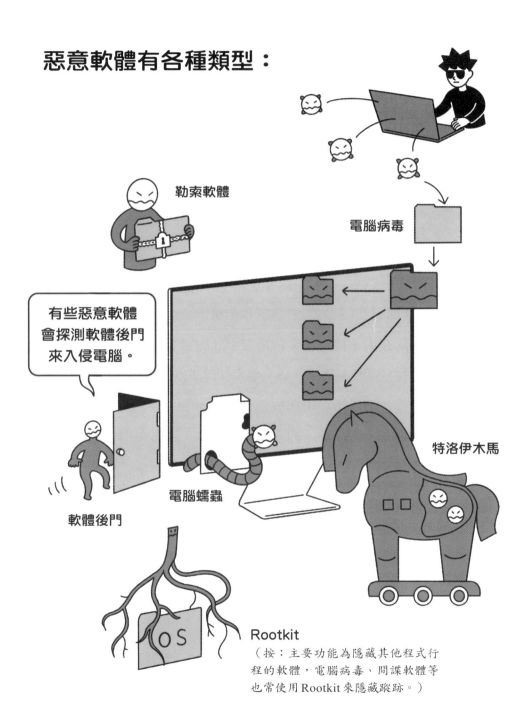

勒索軟體

電腦病毒

有些惡意軟體
會探測軟體後門
來入侵電腦。

軟體後門

電腦蠕蟲

特洛伊木馬

Rootkit
（按：主要功能為隱藏其他程式行
程的軟體，電腦病毒、間諜軟體等
也常使用 Rootkit 來隱藏蹤跡。）

153

加密

不讓他人知道內容的上鎖技術

所謂加密，是用特定的計算步驟來變換，避免他人知道原本的資料內容。把加密後的資料復原稱為解密。要進行加密和解密，會使用名為金鑰的資訊。加密有兩種類型：對稱密鑰加密、公開金鑰加密。

　　數位資料內有許多個人資料或企業機密資訊等重要內容，而保護這些內容的其中一種機制，就是加密。加密後的資料即使在網際網路上被竊取，只要金鑰沒被盜，他人就無法得知其內容。

　　對稱密鑰加密是指加密和解密都用相同的金鑰。發送資料的人透過某種方法，將用來加密的金鑰交給對方，對方再用該金鑰解密已加密的內容。

　　公開金鑰加密又稱非對稱式加密，須分別準備公鑰和私鑰，一個用來加密，另一個用來解密。公鑰可以交給任何人，私鑰則不能讓其他人知道。傳送方會用接收方的公鑰加密，然後傳送檔案，接收方再用自己的私鑰解密復原。

KEYWORD

加密／解密／金鑰／對稱密鑰加密／公開金鑰加密／個人資料／
企業機密資訊／公鑰／私鑰

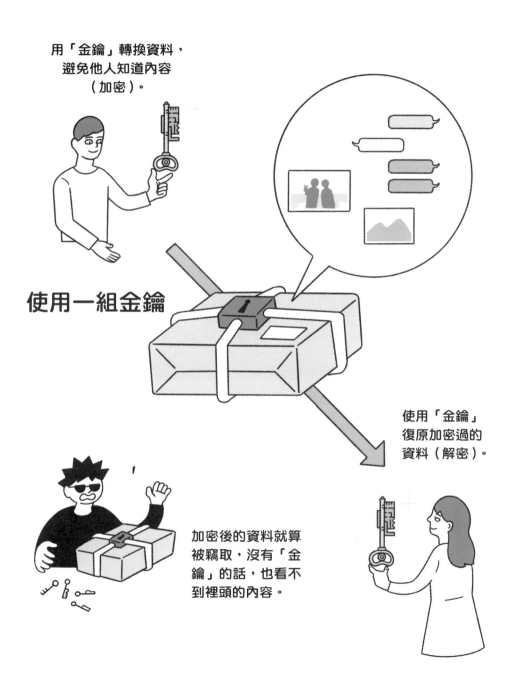

用「金鑰」轉換資料，避免他人知道內容（加密）。

使用一組金鑰

使用「金鑰」復原加密過的資料（解密）。

加密後的資料就算被竊取，沒有「金鑰」的話，也看不到裡頭的內容。

雜湊函式
防止資料遭竄改的機制

雜湊函式又稱哈希函式，輸入一個值後會照一定的步驟計算，最後輸出一串毫無規則的數值。輸入值稍有變更，輸出值也會跟著改變，目前被運用在區塊鏈和電子簽名等地方。

　　雜湊函式輸出的值稱為雜湊值。

　　雜湊函式有各種類型，可分為 128 位元（16 位元組）或 256 位元（32 位元組）等，這決定了雜湊值的長度（用 ASCII 字元碼來看，16 位元組等於 16 個英數字）。

　　要調查容量較大的資料是否被竄改或損壞，可輸出雜湊值後和原資料的雜湊值相對照，即可確認有無被竄改。

　　雜湊函式也用於區塊鏈和電子簽名等地方，這種時候的雜湊函式，安全性必須要高。而雜湊函式有個性質，就是無法從雜湊值推測或還原原始資料；另外，要在不同的資料上找到相同的雜湊值，可說是難如登天，因此可有效保護資料。

KEYWORD

雜湊函式／區塊鏈／電子簽名／竄改／雜湊值／輸出值／輸入值

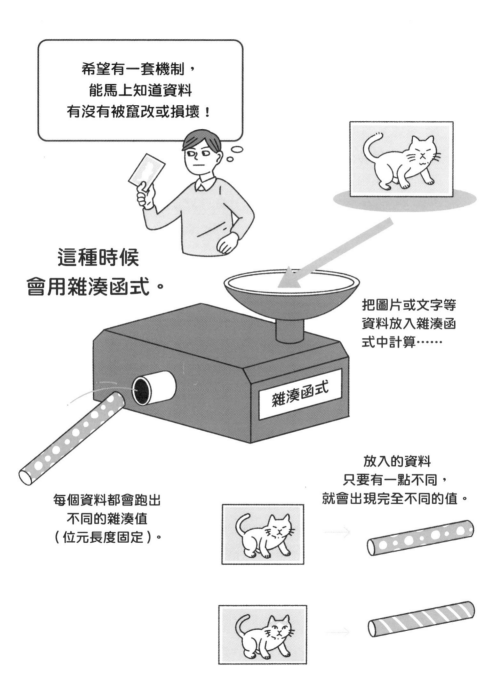

希望有一套機制，
能馬上知道資料
有沒有被竄改或損壞！

這種時候
會用雜湊函式。

雜湊函式

把圖片或文字等
資料放入雜湊函
式中計算……

每個資料都會跑出
不同的雜湊值
（位元長度固定）。

放入的資料
只要有一點不同，
就會出現完全不同的值。

防火牆

WORD
63

在網路上用來阻擋非法入侵的牆壁

現實世界會有人非法入侵本來不能進去的地方做壞事，在電腦或網路上，也會有人帶著惡意，從外部進行未授權存取（按：存取電腦系統中無權得到的資訊），此時就是由防火牆這套機制負責阻擋。

有時，惡意人士會嘗試入侵與網際網路連結的區域網路（家庭或公司內的小型內網）。哪怕未授權存取只成功一次，資訊就有可能被竊取、竄改或破壞，造成整個區域網路蒙受損害。為了防止這種未授權存取，會由防火牆這道「牆壁」分離區域網路和網際網路，並監控出入的資料。

防火牆只會讓正常的資料通過，一旦發現異常資料，就會直接隔離避免受害。而防火牆這個名稱，來自建築物的防火牆，含意為隔離內外的一道防護系統。

避免個人電腦或家用區域網路遭到未授權存取的安全軟體，稱為個人防火牆。例如 Windows Defender 防火牆，就是 Windows 10 的標準配備。

防火牆保護資訊和網路
不受惡意攻擊。

第 三 章

最夯的
GAFA概念股

科技擁有巨大的可能，能夠大幅改變社會的結構。隨著
GAFA興起，世界的情勢跟著變化，共享經濟這套全新的
商業模式，也逐漸成功。另外，拜科技所賜，遠端工作更
能有效利用時間和空間。接下來，本章要介紹的，是科技
與社會的關聯性。

資訊系統

少了 IT，社會就無法成立

利用電腦交換資訊的技術，稱為「資訊科技」（Information Technology），簡稱IT。其中再加入通訊技術的話，則稱為「資訊及通訊科技」（Information and Communication Technology），簡稱ICT。

　　在日常生活的各種場景，會活用IT建構的資訊系統，其中包含了公司的顧客管理系統、店家的庫存管理系統、只要一張卡就能搭電車或買東西的交通IC卡系統、可定額觀看影片的VOD（隨選視訊）服務系統、確保道路交通安全與流暢的系統，還有管理自來水、瓦斯和電力並穩定供應的系統等。

　　使用智慧型手機能使用各種服務，是因為每個服務都有資訊系統。在IT的幫助下，我們的社會享受到各種便利；相反的，一旦少了IT，日常生活就會陷入停滯。

　　IT儼然成了人類社會不可或缺的存在。

KEYWORD
資訊系統／IT／ICT／顧客管理系統／庫存管理系統／交通IC卡／VOD服務

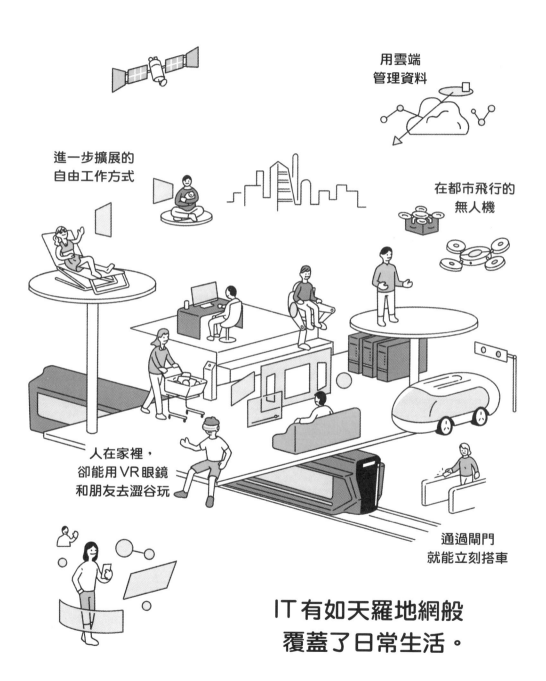

用雲端
管理資料

進一步擴展的
自由工作方式

在都市飛行的
無人機

人在家裡，
卻能用VR眼鏡
和朋友去澀谷玩

通過閘門
就能立刻搭車

IT有如天羅地網般
覆蓋了日常生活。

行動化

行動裝置普及而引發變化

過去在桌上型電腦使用的IT服務，現在已經轉換到行動裝置上，可一邊移動一邊使用。行動裝置的進化和普及，使得網路服務或軟體在開發時，會以用於行動裝置上為前提。

行動裝置是指能邊走邊使用的電子設備，如智慧型手機、平板電腦等。過去只有個人電腦能處理的事情，現在用行動裝置也能處理，只有手機但沒有電腦的人逐漸增加。

另外，有些服務會利用GPS或感測器取得的資訊，使得越來越多事情唯獨靠行動裝置才能辦到。因此，開始有企業和消費者會在行動裝置上展開經濟活動，產生了稱為「行動化」的變化。

行動化的其中一個潮流，稱為行動優先（mobile first），也就是優先考量在行動裝置上使用。以往的開發，是以在個人電腦上使用為優先，行動裝置是第二順位，現在則變成行動優先，同時開發桌機版和行動版，或是先行開發手機App。

KEYWORD
桌上型電腦／行動裝置／智慧型手機／平板電腦／行動化／行動優先

行動化
也逐漸改變工作流程：

通勤時，
可在雲端上
確認今天的簡報資料。

發現資料有錯誤，
可當場修正
並事先分享給客戶。

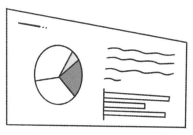

避免出包，
簡報順利成功！

WORD
66

GAFA

IT 業界的四大天王

總部設於美國的巨型 IT 企業之中，成長最顯著的 4 家企業：Google、Apple、Facebook 和 Amazon，各取其字首而被統稱為 GAFA。4 家企業在各自的領域都有壓倒性的市占率，也有很大的社會影響力。

　　許多人 iPhone 不離身，想查東西就會 Google，要與朋友交流會打開 Facebook，想買東西會上 Amazon；就算不全然是這樣，上述幾個行動你也會有印象吧。GAFA 提供的商品和服務，已成為人類日常生活中不可或缺之物，且因為提供了社會架構的基礎，所以 GAFA 也被稱為平臺企業或平臺業者。

　　GAFA 提供免費或方便的服務給眾人，藉此取得龐大的個人資料並活用在事業上，創造出更大的利益。但因為獨占市場，而且還有隱私保護的問題，所以開始有一些國家或地區想要管制 GAFA。目前也有許多企業正在追趕 GAFA，而且穩健成長中。

KEYWORD

Google／Apple／Facebook／Amazon／GAFA／平臺企業／平臺業者

21 世紀全新的世界級財團

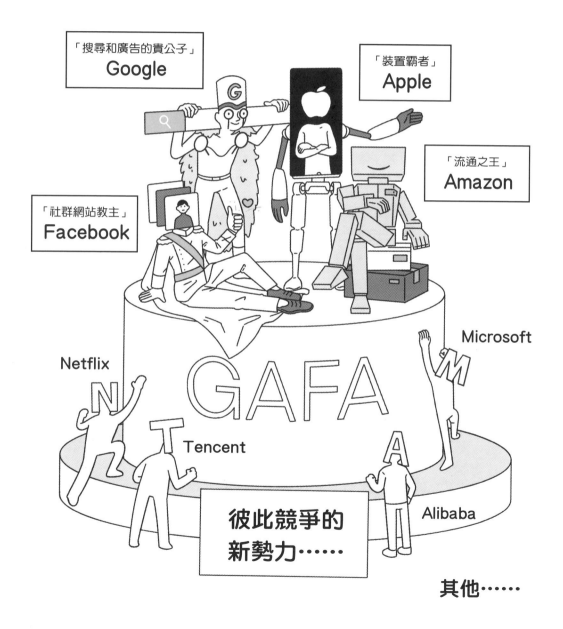

蘋果概念股

GAFA中，最容易影響臺灣的非蘋果莫屬，每次蘋果只要推出新的iPhone手機，總造成不小的轟動，也會有許多果粉爭相排隊換機。此外，臺灣也有許多產業是依靠蘋果公司的訂單而生，一如財金文化董事長謝金河所說：「蘋果打造了臺灣的產業鏈。」而蘋果概念股也成了投資人追逐的標的。

• 蘋果－AirPods：

華通（2313）、英業達（2356）、燿華（2367）、美律（2439）、晶技（3042）、原相（3227）、光環（3234）、新日興（3376）、致伸（4915）、盛群（6202）、興能高（6558）

• 蘋果－Apple TV：

信錦（1582）、鴻海（2317）、台積電（2330）、菱生（2369）、瑞昱（2379）、聯發科（2454）、大立光（3008）、聯詠（3034）、玉晶光（3406）、群創（3481）、友輝（4933）、茂林-KY（4935）、嘉彰（4942）、誠美材（4960）、達興材料（5234）、中光電（5371）、頎邦（6147）、瑞儀（6176）、台表科（6278）、瀚荃（8103）、志超（8213）

• 蘋果－ApplePay：

偉詮電（2436）、聯發科（2454）、連宇（2482）、國泰金（2882）、玉山金（2884）、台新金（2887）、中信金（2891）、益登（3048）、聯傑（3094）、力旺（3529）、歐買尬（3687）、協益（5356）、智冠（5478）、同亨（5490）、鈞寶（6155）、橘子（6180）、

飛捷（6206）、啟碁（6285）

蘋果－AppleWatch：

華通（2313）、仁寶（2324）、廣達（2382）、正崴（2392）、
敦吉（2459）、晟銘電（3013）、欣興（3037）、晶技（3042）、
景碩（3189）、新日興（3376）、崇越電（3388）、TPK-KY（3673）、
日月光投控（3711）、亞電（4939）、臻鼎-KY（4958）、
耕興（6146）、嘉聯益（6153）、萬潤（6187）、台郡（6269）、
南電（8046）、百和（9938）

蘋果－HomePod：

力麗（1444）、鴻海（2317）、台積電（2330）、英業達（2356）、
建準（2421）、美律（2439）、聯發科（2454）、健鼎（3044）、
瑞儀（6176）、良維（6290）、百和興業-KY（8404）、百和（9938）

蘋果－iPad Air：

華通（2313）、鴻海（2317）、鴻準（2354）、昆盈（2365）、
金像電（2368）、正崴（2392）、大立光（3008）、晶技（3042）、
正達（3149）、順達（3211）、TPK-KY（3673）、譜瑞-KY（4966）、
中光電（5371）、新普（6121）、嘉聯益（6153）、瑞儀（6176）、
台郡（6269）、展匯科（6594）、南電（8046）

蘋果－iPad mini：

華通（2313）、鴻海（2317）、仁寶（2324）、鴻準（2354）、
金像電（2368）、正崴（2392）、友達（2409）、可成（2474）、
大立光（3008）、聯詠（3034）、欣興（3037）、晶技（3042）、

健鼎（3044）、正達（3149）、景碩（3189）、順達（3211）、
玉晶光（3406）、TPK-KY（3673）、致伸（4915）、和碩（4938）、
中光電（5371）、達運（6120）、新普（6121）、頎邦（6147）、
嘉聯益（6153）、瑞儀（6176）、聚鼎（6224）、力成（6239）、
台郡（6269）、志超（8213）

• 蘋果－iPhone11：

華通（2313）、鴻海（2317）、台積電（2330）、鴻準（2354）、
台光電（2383）、美律（2439）、可成（2474）、大立光（3008）、
欣興（3037）、穩懋（3105）、玉晶光（3406）、嘉澤（3533）、
TPK-KY（3673）、日月光投控（3711）、和碩（4938）、
康控-KY（4943）、臻鼎-KY（4958）、宣德（5457）、新普（6121）、
頎邦（6147）、台郡（6269）、良維（6290）、GIS-KY（6456）、
匯鑽科（8431）

• 蘋果－蘋果供應鏈：

南亞（1303）、正隆（1904）、光寶科（2301）、台達電（2308）、
華通（2313）、鴻海（2317）、仁寶（2324）、國巨（2327）、
台積電（2330）、英業達（2356）、燿華（2367）、廣達（2382）、
精元（2387）、正崴（2392）、南亞科（2408）、美律（2439）、
可成（2474）、大立光（3008）、奇鋐（3017）、欣興（3037）、
健鼎（3044）、景碩（3189）、順達（3211）、緯創（3231）、
新日興（3376）、玉晶光（3406）、TPK-KY（3673）、
日月光投控（3711）、致伸（4915）、和碩（4938）、
臻鼎-KY（4958）、新普（6121）、嘉聯益（6153）、瑞儀（6176）、
台郡（6269）、良維（6290）、達方（8163）

蘋果－其他類別概念股：

正隆（1904）、聯電（2303）、華通（2313）、鴻海（2317）、
國巨（2327）、台積電（2330）、鴻準（2354）、金像電（2368）、
廣達（2382）、正崴（2392）、億光（2393）、
中華電（2412）、神腦（2450）、可成（2474）、
大立光（3008）、亞光（3019）、欣興（3037）、
晶技（3042）、健鼎（3044）、台灣大（3045）、
和鑫（3049）、正達（3149）、景碩（3189）、
順達（3211）、玉晶光（3406）、群創（3481）、
安可（3615）、TPK-KY（3673）、大聯大（3702）、
日月光投控（3711）、和碩（4938）、中光電（5371）、
新普（6121）、頎邦（6147）、嘉聯益（6153）、
聚鼎（6224）、台郡（6269）、啟碁（6285）、
良維（6290）、台虹（8039）、南電（8046）

（資料來源：Goodinfo!台灣股市資訊網。）

STEM、STEAM

WORD
67

教育未來的人才

STEM是科學、科技、工程、數學的英文字首縮寫，意指有助於培育IT人才的數理類學問，起源於美國的教育現場。還有一個詞叫STEAM，在STEM中又加入了Art（藝術）。

近年來，IT等數理領域的科技發展相當顯著，其重要性日益增加，預期今後對這類領域的人才會有高度需求。大家開始關注以STEM為重心的教育方式，也有人認為STEAM才是教育的重點領域，也就是在STEM中加入創造領域Art（藝術）。

2018年6月，日本的文部科學省和經濟產業省，就開始提倡STEAM教育的必要性。Art不只是設計、藝術，也用來代表人文科學、社會科學等文科知識。（按：臺灣教育部在12年國民基本教育課程綱要總綱的「核心素養」中表示：素養指人在適應現在生活和面對未來挑戰時，所應具備的知識、能力和態度。此與STEAM所倡導的學習精神相符合。）

把重心放在STEAM，並在累積基礎學力的過程中，逐步提升問題解決能力、想像力以及創造力，這必須綜合活用到文組和理組的知識。

STEAM教育的時代來臨

Science（科學）

Technology（科技）

Art（藝術、人類科學、社會科學等）

Engineering（工程）

Mathematics（數學）

KEYWORD
科學／科技／工程／數學／IT人才／STEM／STEAM／藝術／想像力／創造力

加拉巴哥化

在某市場很優秀的東西，卻與世界脫節

技術和服務在某個市場朝獨特的方向發展或進化，結果陷入在全球市場不具競爭力的狀態，此現象稱為加拉巴哥化。這個名稱源自加拉巴哥群島（又稱科隆群島）的生態系，當地生物因為不受外在環境影響，而出現了獨特的進化。

　　2000 年代，日本手機為了贏得國內的市場競爭，接連配備了全新的功能及服務，往獨特的方向進化，例如單波段（One seg，是日本的行動電視，可透過手機接收數位無線電視）、來電鈴聲、電子錢包、紅外線通訊或表情符號等，高性能的手機也不停問世。

　　但這些進化不符合全球市場的需求，導致日本手機無法取得全球市占率。這類只在日本市場通用的獨特手機進化，就像加拉巴哥群島的生態一樣，所以這類手機又稱為加拉巴哥化手機。

　　在那之後，凡是工業產品、規格或生活習慣等與世界主流脫節，或跟不上全球標準的狀態，就會用加拉巴哥化一詞來形容。

KEYWORD

加拉巴哥化／加拉巴哥群島／加拉巴哥化手機／來電鈴聲／
單波段／電子錢包

在加拉巴哥群島上，產生獨特進化的生物。

加拉巴哥陸鬣蜥

藍腳鰹鳥

加拉巴哥象龜

就像加拉巴哥群島的生物一樣，完成獨特進化的日本手機，稱為加拉巴哥化手機。

10:27

下載喜歡的歌曲當作「來電鈴聲」

加拉巴哥化手機專用瀏覽器

¥

單波段、手機支付……

有些功能被智慧型手機延續下來。

數位落差

能使用和不能使用的人之間產生的落差

我們受到 IT 帶來的許多恩惠，但也讓會用 IT 和不會的人之間，產生了經濟上、社會上的落差，這稱為數位落差。而落差之所以產生，有許多原因，例如經濟能力、環境或 IT 技能等。

　　想藉由 IT 大有斬穫，必須擁有熟練的 IT 技能、足以購買高性能電腦的經費、可高速連網的環境等條件。要跟上不停變化的技術或服務，學習欲望及學習能力也不可或缺。一旦缺少技能、購買經費、連網環境或學習欲望，就無法享受到使用 IT 所帶來的恩惠，導致落差油然而生。

　　數位落差可能是由世代造成，例如俗稱數位原住民的年輕人，和跟不上數位產品的高齡人士；也可能因為居住地區的網路環境所導致，例如連網環境完善的都市居民，和不完善的鄉下居民。

　　是否擅長用網際網路蒐集資訊，也會影響就業機會，最後導致收入的差距，這是目前實際發生的一種數位落差現象。

KEYWORD

數位落差／經濟上、社會上的落差／數位原住民／連網環境／資訊蒐集能力

在各種資訊隨手可得的現代社會，
卻不是人人都能取得資訊。

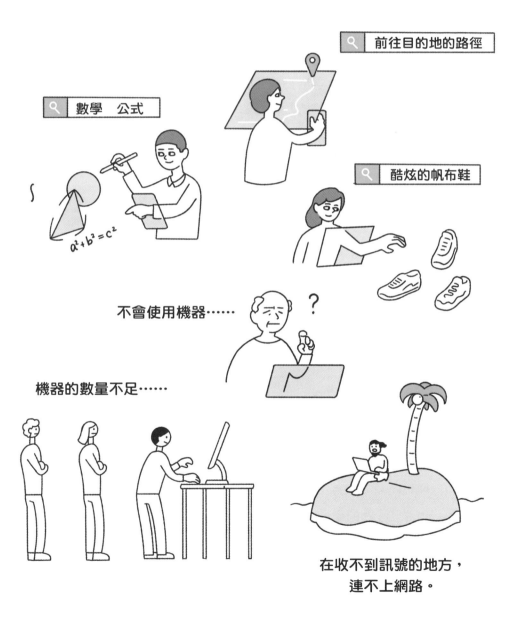

WORD 70 社群網路服務
溝通手段已截然不同

社群網路服務，是一種建構在網際網路上的社交網路（Social Network）平臺。透過社群網站的連結，便可以和夥伴分享資訊、彼此交流。代表性的社群網站包括Facebook、Twitter、Instagram和LINE等。

現在要聯絡親朋好友、分享日常生活或傳達自身想法時，我們很理所當然會用社群網路服務取代信件、電話和電子郵件。企業和店家要宣傳時，也會使用社群網路服務。

以實名登錄為前提的Facebook，有貼文分享近況、按讚分享、留言評論等分享資訊的方式，還能利用登錄在個人資料上的資訊，搜尋親朋好友。

Twitter的特徵是只能發短文，並透過轉推功能能讓資訊更容易傳遞。在開頭加上井字號（#）的主題標籤（Hashtag），則讓搜尋變得更簡單。

Instagram用來發照片，LINE則是免費通話和打字聊天等，個個平臺擅長的訊息交換領域都不一樣。

使用社群網路服務溝通，
已經相當普遍。

也有一定數量的人未使用社群網路服務。

KEYWORD

社群網路服務／Facebook／Twitter／Instagram／LINE／電子郵件／
轉推／發照片／免費通話／打字聊天

WORD 71 網路購物

在普及化的網路上購物

透過網路購物，不用親自到店裡也能買東西，而且還有商品種類豐富、能夠比價挑選的好處。然而，也會有付錢卻沒收到商品，或是收到假貨等問題產生。

　　購物網站形態各異，有像Amazon一樣販賣各種商品或服務的網站，也有像日本購物網站ZOZOTOWN一樣只販賣特定領域商品的網站，還有樂天市場或Yahoo!奇摩超級商城這類，由營運企業提供銷售空間給網路商店的網路商城。網路商城會提供購物車等付款功能，以及知道顧客喜好的行銷功能，從而降低開店門檻。

　　網路購物能買到在實體店面很難入手的利基商品（按：指表現出來的許多獨特利益有別於其他商品）或稀有商品，不過也會有不肖業者開店詐騙。

　　另外，口碑和評價固然可當作購買商品的依據，但有些高評價，可能是「專門提供假評價的業者」捏造出來的。

KEYWORD

網路購物／Amazon／ZOZOTOWN／樂天市場／Yahoo!奇摩超級商城／網路商店

現在上網已經能買到各種東西。

電子商務概念股

自網際網路在 2000 年後快速崛起，諸多電商業者實力與規模已凌駕傳統零售業者。隨著電子商務發展逐漸成熟，網路購物已成為民眾日常消費的重要管道，依據節慶推出限定活動，也是一大商機。

● 網路經濟－網路購物：

廣達（2382）、東森（2614）、宅配通（2642）、燦星旅（2719）、雄獅（2731）、統一超（2912）、威強電（3022）、喬鼎（3057）、信驊（5274）、數字（5287）、中磊（5388）、中菲行（5609）、聚碩（6112）、精誠（6214）、網家（8044）、富邦媒（8454）、創業家（8477）

● 網路經濟－網紅經濟：

東森（2614）、昇華（4806）、尚凡（5278）、橘子（6180）、網家（8044）、華研（8446）、富邦媒（8454）

● 網路經濟－雙十一：

嘉里大榮（2608）、宅配通（2642）、國泰金（2882）、玉山金（2884）、第一金（2892）、中菲行（5609）、網家（8044）、富邦媒（8454）、創業家（8477）

（資料來源：Goodinfo! 台灣股市資訊網。）

IT小辭典

• 什麼是雙十一？

雙十一是指每年 11 月 11 日的大型促銷活動，本來這天是流行於中國大陸單身一族的娛樂性節日——光棍節，兩者之間有什麼關係呢？

2008 年 4 月，阿里巴巴旗下購物網站淘寶網推出主營 B2C（企業對個人的交易）業務的淘寶商城（後改名為天貓），由於專案初期發展緩慢，原負責人離職，下面的團隊僅剩二十多人。

2009 年，時任淘寶財務長張勇（現為阿里巴巴集團執行長）接手淘寶商城後，他和團隊提出可以仿照類似美國感恩節大促銷，在秋季舉行一次大型的打折促銷活動，以「全場 5 折，全國包郵」作為促銷目標，「透過一個活動或一個事件，讓消費者記住淘寶商城」，最後把促銷時點選擇在 11 月 11 日光棍節上。

之所以這樣決定，是考慮到 11 月處於秋冬換季期，人們需要採辦的東西格外多，而且在中國十一國慶黃金週（10 月）與聖誕節（12 月）之間，沒有比較大的消費節慶，如此再利用 11 月光棍節在學生、白領階層的號召力，以期打開年輕網購群體的消費市場。

2012 年，雙十一網路購物全日銷售額，超過美國的網路星期一（美國感恩節假期後的一項常年促銷項目），成為全球最大的網際網路購物節日。

WORD 72 網路拍賣
可輕鬆交易用不到的東西

現在有網路拍賣或跳蚤市場 App，供個人銷售用不到的物品。過去，網路拍賣是由價高者得；但近年來高人氣的跳蚤市場 App，則是由賣家決定金額，想要的人先買先贏。

網路拍賣或者跳蚤市場 App，是一種網際網路上的電子商務（Electronic Commerce，簡稱 EC）形態。

1999 年，日本 Yahoo! 拍賣開始服務，當初是以個人之間的交易為主體（C2C，C 為 Customer）。現在企業亦會上架商品，所以也是企業對個人的交易場所（B2C，B 為 Business）。

2013 年，跳蚤市場 App「Mercari」在智慧型手機上問世，其特徵是用手機拍照，就能輕鬆上架想賣的物品。

網路拍賣、跳蚤市場 App 讓人與人可以直接交易，但有紛爭的時候，基本上雙方當事人必須自行解決。目前有假賣家、出售仿冒名牌或贓物之類違法商品、高額轉售人氣商品及缺貨商品等問題，大家務必多加留意。

KEYWORD
網路拍賣／跳蚤市場 App／EC／Yahoo! 拍賣／C2C／B2C／Mercari

透過網路，
可把不要的東西變現。

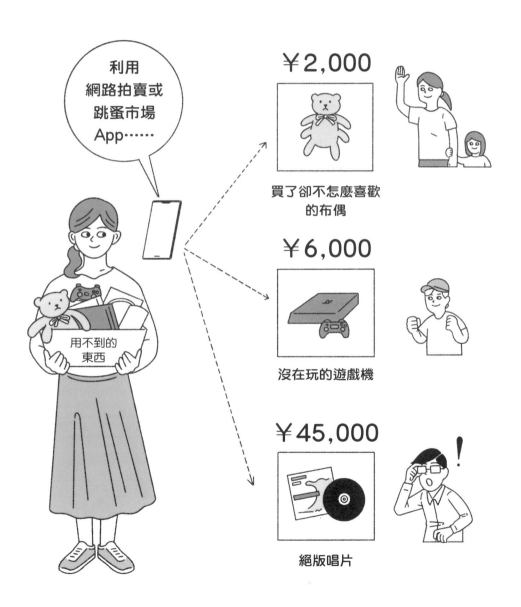

利用
網路拍賣或
跳蚤市場
App……

用不到的
東西

￥2,000

買了卻不怎麼喜歡
的布偶

￥6,000

沒在玩的遊戲機

￥45,000

絕版唱片

共享經濟

WORD 73

所有事物都能成為租借對象

所謂共享經濟，是透過網際網路，把自己的東西借給陌生人並得到收入的機制。這類服務包括民宿出租的 Airbnb、共乘服務的 Uber 等。

空間、移動手段、物品或技能等，都能拿來共享。共享經濟中，服務業者會提供 App 或網站，來媒合「想出租者」和「想租借者」。民宿就是一種共享空間的服務。

共享移動手段的服務，除了共享汽車和共乘之外，還有共享單車等，也有 Uber Eats 這類利用空閒時間外送餐飲的服務。

另外，也能共享物品或技能，例如出租洋裝和家務協助。

使用共享服務時，雙方大多不會有直接的金錢交易，服務業者會提供付款方式來避免糾紛。

KEYWORD

共享經濟／Airbnb／Uber／民宿／共享汽車／共乘／共享單車

偶爾
想動動身體

只有週末
想用車

騎單車
只是興趣

用於
平日通勤

購物用

臨時有需要

白天和工作上
想用車

一種全新的手段，
可解決持有所產生的
維護費及停車費等問題。

RFID

WORD
74

用於意想不到之處的 IT 原理

RFID 是一種技術或系統，可用無線電訊號讀寫標籤內的資訊。因為是非接觸式，所以讀取器只要靠近內有 IC 晶片的標籤，就能交換資訊。

RFID（Radio Frequency Identification，無線射頻辨識）的使用案例之一，就是日本的交通 IC 卡 Suica（按：類似臺灣的悠遊卡、iPASS 一卡通），卡片只要在閘門讀取處嗶一下，就能成功驗票。製造、物流和銷售領域的物品管理，也會利用 RFID。

FeliCa（由 Sony 所開發出來）這類非接觸式 IC 卡技術，廣泛來說也是一種 RFID。依據標籤內部供電有無，RFID 標籤分為被動式和主動式，有供電、含電池的是主動式，無供電、不含電池的是被動式，而被動式的動力源，來自讀取器的電磁波。

條碼也是需要讀取器來讀取的技術，而且必須逐一用讀取器掃描。相較之下，RFID 抗汙力強，只要是無線電波可傳達的範圍（通常是數公分到數公尺）就能讀取，所以可一次讀取多個標籤，就算在包裝內也不是問題。而且標籤內可放入大量資訊供人讀取，也能將特定資訊寫入其中。

RFID可用於各種場面。

價格標籤內
有RFID標籤，
所以能一次讀取。

KEYWORD
RFID／讀取器／IC晶片／主動式／被動式／條碼／RFID標籤

IoT

與網際網路連線的物品逐漸增加

IoT是Internet of Things的簡稱，中文譯為「物聯網」，意指各種機器設備連上網路後，物與物、物與人、物與雲端可互相交換資訊，創造出全新的附加價值。

感測器技術和網路技術的進步，使得各種裝置能連網使用。透過裝置內建的感測器和相機取得資料並分析後，可用於各種用途。

有許多方式得以活用資料，例如分析人類或裝置的狀態、算出最佳環境和預測行動等。

另外，能遠端控制裝置動作，也是IoT的特徵，例如冷氣、冰箱、掃地機器人之類的家電，可分析運作狀態，然後向主人通知結果，或是主人能在外地遠端下達開關等指令。

把汽車當作個人電腦和智慧型手機等資訊裝置加以活用的聯網汽車，也是IoT的一種案例。

KEYWORD

IoT／雲端／裝置／掃地機器人／感測器／相機／聯網汽車

IoT 大幅改變了產業與生活。

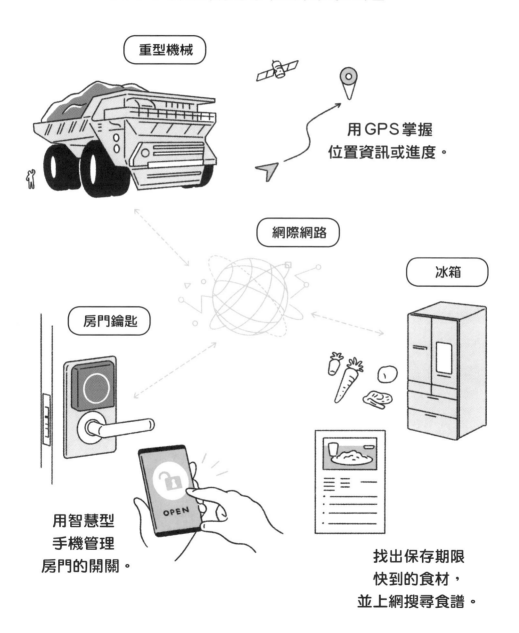

重型機械

用GPS掌握
位置資訊或進度。

網際網路

冰箱

房門鑰匙

用智慧型
手機管理
房門的開關。

找出保存期限
快到的食材,
並上網搜尋食譜。

物聯網概念股

從 2014 年開始，IoT 這個概念就受到廣泛討論，但直到 2016 年，真正具備聯網功能的裝置也不過 120 億個。不過，拜網路發展所賜，IoT 將發展得更快，裝置數量也能夠激增到 300 億個。

• 網路－物聯網：

永豐餘（1907）、聯電（2303）、台達電（2308）、東訊（2321）、
仁寶（2324）、華邦電（2344）、智邦（2345）、英業達（2356）、
華碩（2357）、微星（2377）、瑞昱（2379）、研華（2395）、
中華電（2412）、精技（2414）、聯發科（2454）、光群雷（2461）、
連宇（2482）、威強電（3022）、盛達（3027）、台灣大（3045）、
建漢（3062）、聯傑（3094）、亞信（3169）、鼎天（3306）、
明泰（3380）、融程電（3416）、譁裕（3419）、環天科（3499）、
晶彩科（3535）、磐儀（3594）、智易（3596）、鼎翰（3611）、
精聯（3652）、合勤控（3704）、遠傳（4904）、正文（4906）、
新唐（4919）、台林（5353）、中磊（5388）、同亨（5490）、
友勁（6142）、欣技（6160）、盛群（6202）、旺玖（6233）、
榮群（8034）、宏捷科（8086）、振樺電（8114）

（資料來源：Goodinfo! 台灣股市資訊網。）

IT小辭典

● 物聯網會怎麼發展？

在物聯網領域，廣泛被各國政府與機構參照的技術路線（Technology Roadmap，指對於技術未來發展方向的預測），為顧問公司SRI Consulting描繪之物聯網技術路線，其依據時間軸可分為4個階段：供應鏈輔助、垂直市場應用、無所不在的定址（Ubiquitous positioning），最後可以達到「The Physical Web」，意即讓物聯網上的每一個智慧型裝置，都以URL（俗稱網址，詳見WORD 21）來標示。

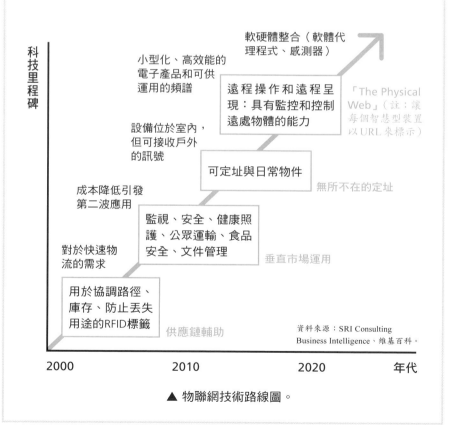

科技里程碑

軟硬體整合（軟體代理程式、感測器）

小型化、高效能的電子產品和可供運用的頻譜

遠程操作和遠程呈現：具有監控和控制遠處物體的能力

「The Physical Web」（註：讓每個智慧型裝置以URL來標示）

設備位於室內，但可接收戶外的訊號

可定址與日常物件

無所不在的定址

成本降低引發第二波應用

監視、安全、健康照護、公眾運輸、食品安全、文件管理

垂直市場運用

對於快速物流的需求

用於協調路徑、庫存、防止丟失用途的RFID標籤

供應鏈輔助

資料來源：SRI Consulting Business Intelligence、維基百科。

2000　　2010　　2020　　年代

▲ 物聯網技術路線圖。

WORD
76

LPWA、5G

支撐IoT的全新通訊技術

隨著IoT普及，連網的裝置數量逐漸增加。此時受到矚目的，是能遠距離通訊且低耗電的通訊方式——LPWA，這是一種可供無數小型裝置交換少量資料的IoT無線通訊方式。

在IoT環境下，大量的機器設備會少量傳送資料。大多數裝置是採電池驅動，不受電力有無影響，通訊距離則依使用形態而定，有時可達數公里。

這種適合用於IoT通訊的方式稱為LPWA（Low Power Wide Area），中文譯為低功率廣域網路，特徵是低耗電量（Low Power）和遠距離通訊（Wide Area），裝置電池可用上好幾年、不需更換，傳輸則可達數百公尺到數公里，而且成本低。

繼LTE（長期演進技術）或LTE-Advanced（進階長期演進技術）等4G（第4代行動通訊系統，G為Generation的縮寫）技術，5G（第5代行動通訊系統）已經問世。其效能目標是高資料速率、減少延遲且可供大量裝置同時通訊，今後有望普及。

5G可用於各種服務，其中在IoT網路的應用，更是備受期待。

各種通訊技術已經登場。

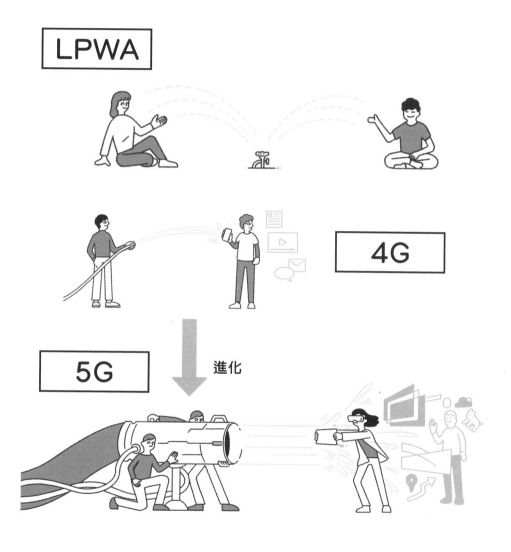

LPWA

4G

5G 進化

KEYWORD
IoT／LPWA／低耗電量／遠距離通訊／通訊方式／5G／LTE／
LTE-Advanced／4G

5G 概念股

隨著 5G 網路發展，到了 2020 年，5G 手機已占了市場四成，預期未來會持續成長，逐漸取代掉目前市占率六成的 4G 手機。

• 網路－4G：

聯電（2303）、台揚（2314）、鴻海（2317）、東訊（2321）、
仁寶（2324）、台積電（2330）、友訊（2332）、智邦（2345）、
宏碁（2353）、華碩（2357）、瑞昱（2379）、廣達（2382）、
威盛（2388）、中華電（2412）、聯發科（2454）、全新（2455）、
宏達電（2498）、智原（3035）、台灣大（3045）、建漢（3062）、
穩懋（3105）、璟德（3152）、景碩（3189）、台星科（3265）、
明泰（3380）、譁裕（3419）、昇達科（3491）、神準（3558）、
智易（3596）、榮昌（3684）、海華（3694）、合勤控（3704）、
日月光投控（3711）、遠傳（4904）、正文（4906）、
新復興（4909）、眾達-KY（4977）、華星光（4979）、
環宇-KY（4991）、中磊（5388）、百一（6152）、矽格（6257）、
啟碁（6285）、台通（8011）、宏捷科（8086）

• 網路－5G：

台揚（2314）、鴻海（2317）、台積電（2330）、友訊（2332）、
智邦（2345）、宏碁（2353）、英業達（2356）、金像電（2368）、
廣達（2382）、台光電（2383）、研華（2395）、聯發科（2454）、
全新（2455）、兆赫（2485）、嘉晶（3016）、欣興（3037）、
台灣大（3045）、建漢（3062）、聯亞（3081）、穩懋（3105）、
璟德（3152）、波若威（3163）、台嘉碩（3221）、光環（3234）、

上詮（3363）、明泰（3380）、譁裕（3419）、聯鈞（3450）、

昇達科（3491）、智易（3596）、亞太電（3682）、合勤控（3704）、

漢磊（3707）、遠傳（4904）、正文（4906）、臻鼎-KY（4958）、

立積（4968）、IET-KY（4971）、眾達-KY（4977）、

環宇-KY（4991）、信驊（5274）、中磊（5388）、高技（5439）、

百一（6152）、聯茂（6213）、台郡（6269）、

台燿（6274）、啟碁（6285）、統新（6426）、

訊芯-KY（6451）、宇智（6470）、

創威（6530）、鉉寶科技（6674）、

南電（8046）、宏捷科（8086）

（資料來源：Goodinfo! 台灣股市資訊網。）

無人機
代替人類飛在空中的小型無人飛行器

由人用遙控器從遠端操控飛行的小型無人飛行器，俗稱無人機（drone），也有些無人機可遵從預先寫入的程式自動飛行。此外，無人機還能掛載相機空拍，有各種不同的用途。

開發無人機，原本是為了攻擊和偵察等軍事用途。一般說到無人機，大多是有多個螺旋槳的多旋翼機（像直升機一樣有多個螺旋槳），但現在會使用各種外觀的無人機，如能搬運貨物的大型無人機，或竹蜻蜓類型的超小型無人機等。

為了能飛行，無人機利用到超音波感測器、氣壓感測器、陀螺儀（用來感測與維持方向）、GPS、整流天線（天線的一種）或 AI 等技術。用智慧型手機操控無人機時，會用 Wi-Fi 或藍牙連接。

無人機可望代替人類從事危險困難的工作，不只能用來空拍、空中噴灑農藥肥料、檢修危險場所的設備和建築，目前無人機宅配正在實際測試階段，以期將來可真正運用在業務上。也有許多無人機是運用在娛樂方面。

KEYWORD
無人機／超音波感測器／氣壓感測器／陀螺儀／整流天線／無人機宅配

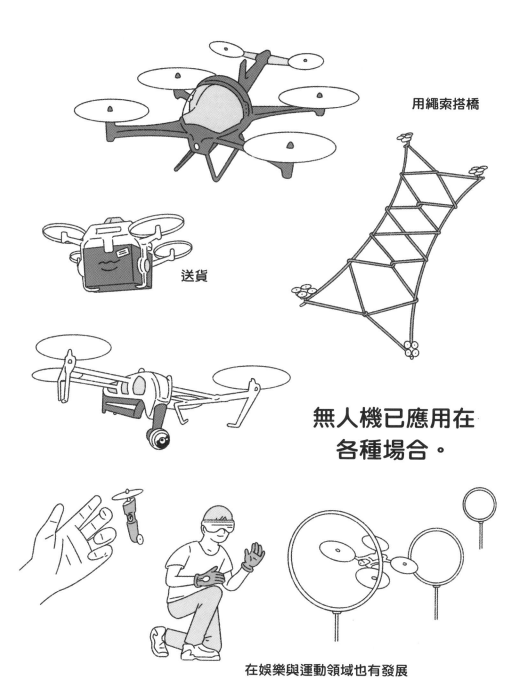

用繩索搭橋

送貨

無人機已應用在
各種場合。

在娛樂與運動領域也有發展

無人機概念股

2020 年 8 月，亞馬遜申請無人機遞送包裹獲 FAA（美國聯邦航空總署）核准，象徵無人機送貨的時代已經來臨，引發無人機相關概念股受到市場矚目。

● 無人機：

中電（1611）、中碳（1723）、聯電（2303）、致茂（2360）、
群光（2385）、研華（2395）、聯發科（2454）、漢翔（2634）、
大立光（3008）、亞光（3019）、聯詠（3034）、文曄（3036）、
華晶科（3059）、茂訊（3213）、鼎天（3306）、雙鴻（3324）、
拓凱（4536）、晟田（4541）、新唐（4919）、和碩（4938）、
立積（4968）、盛群（6202）、今國光（6209）、佳邦（6284）、
群電（6412）、雷虎（8033）、長園科（8038）、千附（8383）

（資料來源：Goodinfo! 台灣股市資訊網。）

IT小辭典

• 無人機的用途

近年來，無人機被廣泛應用於建築、石油、天然氣、能源、農業等領域。在商業用途上，其運用及優勢如下表：

項目	優勢
物流運輸	無人機能有效避免交通堵塞、規避危險地形，運輸更為快捷安全，也能減少對人力資源的依賴。
農業植保	相對於傳統人力駕駛飛機，無人機單位面積施藥液量小、機動性好，作業更有效率、精準，成本也更低。
安防救援	無人機能規避地面障礙，快速準確的到達指定現場，利用熱成像儀等技術，回傳即時訊息給指揮中心。
地理測繪	無人機能生成即時實景地圖，具有效率高、成本低、數據精確、操作靈活等特點。
網路直播	無人機替依託於高速網絡而誕生的網路直播，帶來了全新的拍攝視角（上帝視角、全景視角等），被廣泛應用於體育賽事、演藝活動等大型活動中。

在娛樂方面，無人機也被應用在流行文化中，如電影和影集拍攝，現今許多遊戲，也加入了無人機這個元素，如《戰地風雲》（*Battlefield*）系列、《決勝時刻》（*Call of Duty*）系列，就設定玩家可部署無人機用於偵查。

3D 列印機

可「列印」三維物體的機器

WORD 78

家庭或辦公室使用的印表機，可在影印紙上列印出平面圖像等內容；平面是指長×寬兩個維度構成的二維（2D）。而 3D 列印機正如其名，可列印出三維物體，也就是長×寬×高。

　　一般的印表機使用墨水，3D 列印機則是用樹脂，列印頭會噴出薄薄的樹脂，再透過紫外線照射等方式，讓樹脂硬化逐漸成形。目前有各種不同的應用方式，如用熱源讓樹脂立體成形，也有使用雷射光燒結成形。

　　3D 列印機的優點之一，是能製造一般工具機難以製造的中空結構（內部有空洞的結構）。此外，還能做到少量生產及個別生產（因為不用模具），而且只要小規模的工作設備即可，這些都是 3D 列印機的優點。

　　目前的活用案例，包括醫療領域的人工骨和假牙的成形，這兩樣東西的形狀因人而異，而且追求精密，可期待用 3D 列印機實現傳統加工技術難以達成的地方。

3D列印帶來的衝擊令全球耳目一新！

在家中也能製作！

可列印食品、零件，
甚至是身體失去的部位……

KEYWORD

3D列印機／三維／墨水／列印頭／樹脂／成形／雷射光／中空結構／
模具／少量生產／個別生產

3D 列印概念股

3D 的市場越來越大，其中 3D 列印更因為實用性、未來可能無所不印，而更為人所知。此外，與 3D 相關的技術持續受到矚目，期待日後能創新出其他實用功能。

• 3D－3D 列印：

直得（1597）、訊聯（1784）、上銀（2049）、威盛（2388）、研華（2395）、全新（2455）、神基（3005）、今皓（3011）、威強電（3022）、聯鈞（3450）、揚明光（3504）、大塚（3570）、鑫科（3663）、國精化（4722）、中光電（5371）、南良（5450）、上奇（6123）、實威（8416）

• 3D－3D 相關技術：

寶利徠（1813）、台達電（2308）、鴻海（2317）、中環（2323）、鈴德（2349）、宏碁（2353）、華碩（2357）、佳能（2374）、微星（2377）、凌陽（2401）、友達（2409）、聯發科（2454）、瑞軒（2489）、晶豪科（3006）、聯陽（3014）、聯詠（3034）、全台（3038）、鈺德（3050）、力特（3051）、華晶科（3059）、網龍（3083）、緯創（3231）、建舜電（3322）、群創（3481）、敦泰（3545）、訊連（5203）、鈺創（5351）、中光電（5371）、智冠（5478）、撼訊（6150）、久正（6167）、廣明（6188）、詮欣（6205）

• 3D－3D 感測：

鴻海（2317）、台積電（2330）、致茂（2360）、全新（2455）、

大立光（3008）、亞光（3019）、華晶科（3059）、穩懋（3105）、
原相（3227）、光環（3234）、精材（3374）、玉晶光（3406）、
聯鈞（3450）、新唐（4919）、鈺創（5351）、頎邦（6147）、
同欣電（6271）、訊芯-KY（6451）、宏捷科（8086）

（資料來源：Goodinfo! 台灣股市資訊網。）

WORD 79 服務機器人

引進 AI 技術的智慧工作機器人

製造業使用的機器人稱為工業機器人，而用在服務業為人服務的機器人，稱為服務機器人。配備先進 AI（人工智慧，詳見 WORD 84）技術，同時可與人類對話並自動行走的機器人，目前正在開發和逐步實際應用中。

　　服務機器人是指在家庭、照護設施、商業大樓或公共場所等地方，為人從事各種服務的機器人。

　　這些機器人的特徵在於會和人類對話溝通，而且能自動行走或搬運物品，可從事大樓的保全與導覽、旅館櫃檯接待，或在照護設施協助照護等。為了彈性應對不同狀況，機器人會透過感測器辨識人類語言或物品狀態，同時透過 AI 判斷最佳的動作。

　　科幻作家以撒・艾西莫夫（Isaac Asimov）在機器人相關作品中，設定了機器人在人類社會中應遵從的三大法則：①機器人不得傷害人類，或坐視人類受到傷害；②機器人必須服從人類命令，除非命令與第一法則發生衝突；③在不違背第一和第二法則之下，機器人可以保護自己——此思維俗稱「機器人三定律」，被視為機器人開發的核心思想。

機器人在今後的社會將近在咫尺。

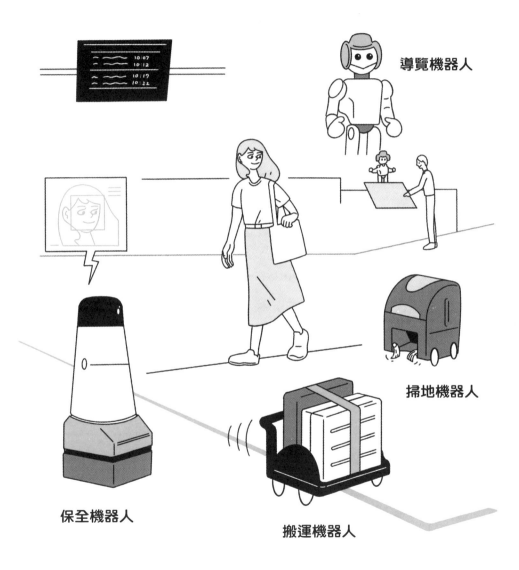

導覽機器人

掃地機器人

保全機器人

搬運機器人

KEYWORD

工業機器人／服務機器人／感測器／以撒・艾西莫夫／機器人三定律

遠距工作

IT 帶來的工作新形態

所謂遠距工作（在家工作），意指利用IT，且不受時間和地點限制的彈性工作形態。這種方式以前就有，不過現在因為有完善的網路環境和行動裝置，再加上因應少子化、高齡化或實現工作與生活的平衡（Work Life balance），實施遠距工作的企業日益增加。

遠距工作的英文是telework，由代表遠端的「tele」和工作的「work」組合而成。在家工作不用說，在顧客那裡或移動過程中使用行動裝置工作，也包含在內。於遠離公司的地方設置衛星辦公室當作辦公地點，也是一種遠距工作。

利用遠距工作，能讓因懷孕、育嬰和照顧父母等理由，而暫時無法進公司的人，也能繼續工作，還能節省通勤時間及快速應對顧客等，可望產生各種不同的效果。

不過，要引進遠距工作前，必須決定好幾件事情，例如：如何管理工作時間？如何處理考績？如何補助電信網路費和電費？但因為新冠肺炎（COVID-19）的影響，許多大企業都導入了遠距工作。

在離公司
有段距離的自家

在海外

視訊會議和遠距工作，
都是IT帶來的工作新形態。

KEYWORD
遠距工作／網路／行動網路／工作與生活的平衡／衛星辦公室／COVID-19

WORD
81

RPA
將日常工作自動化

RPA（Robotic Process Automation，機器人流程自動化）是一種透過機器人，將例行業務自動化並提升效率的機制。工廠利用工業機器人，取代了藍領的手工作業；RPA則是利用軟體，來取代白領的電腦作業。

　　白領用電腦處理的業務，有很多是按部就班的作業，或製作格式固定的資料。透過Excel等內建的巨集功能（按：「巨集」暗示著將小命令或動作轉化為一系列指令），也能自動化作業，但如果是依照工作流程（Workflow），把要使用多個應用軟體的作業自動化時，就必須有一套能跨應用軟體的程式。

　　RPA可讓軟體型機器人記住電腦上的一連串操作，進而將作業自動化並提升效率。而要使用RPA，即使不具備程式設計的知識也無妨，只要透過專業工具即可。這些工具大多會採用圖形使用者介面（Graphical User Interface，簡稱GUI），不熟悉IT也能輕鬆操作，所以能導入不同的行業和職位。

KEYWORD
RPA／例行業務／Excel／巨集功能／工作流程／GUI

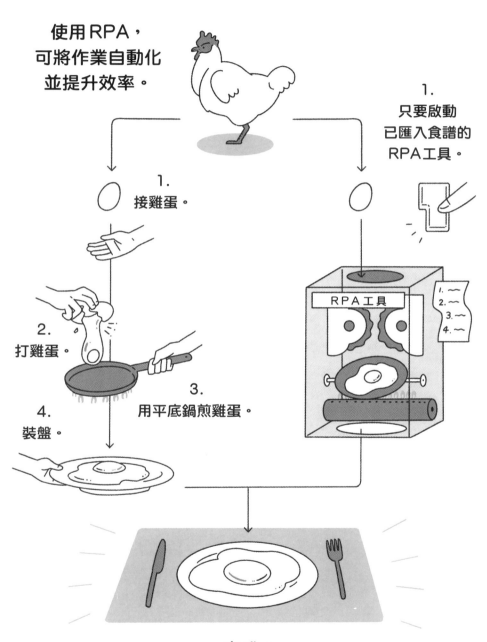

使用RPA，
可將作業自動化
並提升效率。

1.
只要啟動
已匯入食譜的
RPA工具。

1.
接雞蛋。

2.
打雞蛋。

3.
用平底鍋煎雞蛋。

4.
裝盤。

RPA工具

完成！

AI 機器人概念股

近年 AI 人工智慧技術成熟，在導入機器人與自動化生產後，成本也不斷降低，並吸引越來越多企業採用，適度填補勞動力缺口。根據國際機器人協會調查，2019 年全球每萬名工人，約配置 113 臺工業機器人，預期未來機器人密度會進一步提高。

• 機器人：

士電（1503）、東元（1504）、程泰（1583）、亞德客-KY（1590）、川寶（1595）、直得（1597）、上銀（2049）、台達電（2308）、鴻海（2317）、仁寶（2324）、智邦（2345）、佳世達（2352）、華碩（2357）、所羅門（2359）、致茂（2360）、昆盈（2365）、微星（2377）、研華（2395）、義隆（2458）、盟立（2464）、志聖（2467）、德律（3030）、原相（3227）、彬台（3379）、京鼎（3413）、陽程（3498）、嘉澤（3533）、泓格（3577）、永彰（4523）、氣立（4555）、穎漢（4562）、大銀微系統（4576）、均豪（5443）、松翰（5471）、三聯（5493）、欣技（6160）、凌華（6166）、廣明（6188）、帆宣（6196）、盛群（6202）、和椿（6215）、樺漢（6414）、雷虎（8033）、新漢（8234）、羅昇（8374）、大拓-KY（8455）、寶成（9904）、新保（9925）

（資料來源：Goodinfo! 台灣股市資訊網。）

第四章

AI 時代
真的要來了

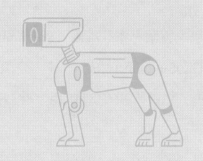

目前大數據和深度學習都在推動AI的應用，還出現了AI
家電和機器人等，過去只在虛構世界出現的人形機器人，
也逐漸成為現實中的產物。

科技奇異點

WORD 82

科技以無限大的速度開始進化之時

人工智慧（AI）等科技急速進化後，到了一個時間點，就會迎來人類無法預測的爆發性進化。這個時間點稱為科技奇異點（Technological Singularity）。

「奇異點」是數學及物理學領域常用的詞彙，意指在某個基準下，該基準無法處理的點。例如「重力奇異點」是指重力變成無限大的地方。

美國的未來學家雷蒙・庫茲維爾（Raymond Kurzweil）於 2005 年發表的著作《The Singularity Is Near》（臺灣未出版，簡中版譯為《奇點臨近》）中，預言人類在 2045 年，會迎接科技奇異點——科技以無限大的速度開始進化。

近年來，人工智慧迎接第三波浪潮，並且透過深度學習（詳見 WORD 85）實際應用，越來越多人在討論「AI的能力凌駕人類智能的可能性」。在此同時，科技奇異點亦受到矚目，但也有很多人懷疑是否可能實現。

KEYWORD

AI／科技奇異點／奇異點／雷蒙・庫茲維爾／深度學習

AI 超越人類的日子
會到來嗎？

WORD
83
大數據
運用每天產生的龐大資料

使用網際網路和電腦，每天都會產生龐大的資訊。電腦等各種技術的發展，讓我們能夠分析以往會捨棄的資訊，這類巨量的資料稱為大數據。

　　大數據的概念誕生前，資料分析的中心是資料庫。資料庫是整理好的資料，建置上必須花費一定的成本（勞力及時間）。

　　社群網路服務的貼文內容、網站或部落格的資訊……過去要整理每天累積的龐大資料相當困難，分析更是不可能的事情；但現在因為電腦性能提升，已經能夠進行分析了。分析後可發現至今未發現的關聯、傾向或模式，藉此創造出全新的價值。今後伴隨 IoT（物聯網，詳見 WORD 75）普及，感測器產生的資料會讓大數據進一步累積。

　　大數據的特徵可用三個 V 來呈現，分別是：大量（Volume）、具多樣性（Variety）及輸出入及處理速度夠快（Velocity）。只要其中一個（或多個）的數值極高，就能成為大數據。

KEYWORD
大數據／資料庫／網站／部落格／IoT／感測器

大數據依使用方式不同，
可創造出巨大的商業需求。

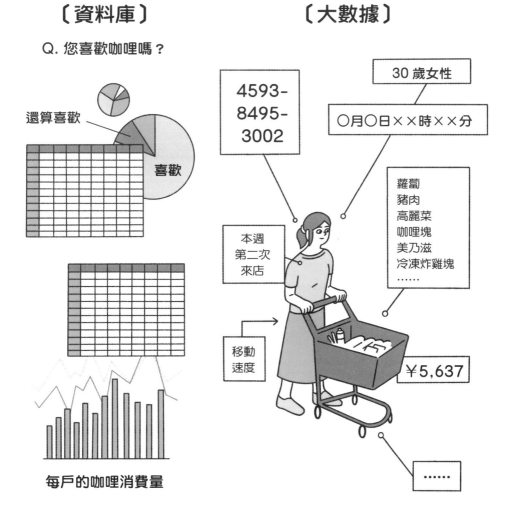

〔資料庫〕

Q. 您喜歡咖哩嗎？

還算喜歡

喜歡

每戶的咖哩消費量

〔大數據〕

30 歲女性

4593-
8495-
3002

〇月〇日××時××分

蘿蔔
豬肉
高麗菜
咖哩塊
美乃滋
冷凍炸雞塊
……

本週
第二次
來店

移動
速度

¥5,637

……

大數據概念股

由雲端衍生的大數據商機本就受到矚目，再加上 5G 帶動的大數據傳輸以及儲存需求只會更大，目前各國電信營運商、電子商務和社群媒體等業者為了因應，勢必要再建置資料中心。

• 大數據：

智邦（2345）、喬鼎（3057）、聯亞（3081）、波若威（3163）、
明泰（3380）、其陽（3564）、安瑞-KY（3664）、合勤控（3704）、
眾達-KY（4977）、精誠（6214）、立端（6245）、
台燿（6274）、瑞祺電通（6416）、統新（6426）、
大世科（8099）

（資料來源：Goodinfo!台灣股市資訊網。）

IT小辭典

● 大數據 3V 與 4V

在一份 2001 年的研究與相關的演講中，麥塔集團（META Group，現為高德納公司〔Gartner〕）分析員道格．萊尼（Doug Laney）指出數據長的挑戰和機遇有三個方向：量（Volume，數據大小）、速（Velocity，資料輸入輸出的速度）與多變（Variety，多樣性），合稱「3V」或「3Vs」。

包括高德納公司在內，現在大部分大數據產業中的公司，都繼續使用 3V 來描述大數據。

高德納於 2012 年修改對大數據的定義：「大數據是大量、高速、及（或）多變的資訊資產，它需要新型的處理方式，去促成更強的決策能力、洞察力與最佳化處理。」另有機構在 3V 之外，將真實性（Veracity）定義為第四個 V。

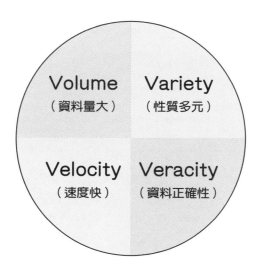

| Volume（資料量大） | Variety（性質多元） |
| Velocity（速度快） | Veracity（資料正確性） |

▲大數據 4V。

人工智慧（AI）

第三波浪潮下開花結果的 AI 能做什麼？

人工智慧（Artificial Intelligence）簡稱 AI，意指讓電腦代替人類從事智慧活動的技術和研究。該研究從 1950 年代開始盛行，中間反覆經歷了浪潮和寒冬，現在正處於第三波浪潮。

最早的 AI 研究浪潮（第一波 AI 浪潮）始於 1956 年，在美國達特茅斯學院召開的 AI 學術會議。第二次浪潮是「專家系統」（Expert system）實際應用的 1980 年代，後來因為研究成果以及技術上的極限，使得浪潮逐漸消退。

從 2000 年代開始的第三波浪潮，起因於電腦和網路等 IT 技術突飛猛進、大數據變得普及、機器學習和深度學習的實際應用。2012 年，Google 的 AI 能憑藉自我學習（深度學習），不需要人類教導，就能從大量的圖片中辨別出「貓」並分類。2016 年，AlphaGo 在比賽中擊敗韓國的職業圍棋棋士。

目前 AI 已經被應用在各種領域，例如圖像辨識、電玩遊戲的判斷、透過自然語言處理（按：探討如何處理及運用自然語言；自然語言即人類自然發展出來的語言）來理解文章及聲音等。

能像人一樣思考的 AI，
會是什麼樣貌？

KEYWORD

人工智慧／AI浪潮／達特茅斯學院／Google／AlphaGo／圖像辨識／
判斷／自然語言處理

AI 人工智慧概念股

在科技革新加快、產業數位化的過程中，AI人工智慧成為關鍵技術，並且獲得美中列強、全球指標企業確認，促使資金湧向AI相關股票，使得許多AI概念股受到投資人矚目。

AI－人工智慧：

東元（1504）、台達電（2308）、金寶（2312）、鴻海（2317）、
台積電（2330）、宏碁（2353）、英業達（2356）、華碩（2357）、
微星（2377）、廣達（2382）、研華（2395）、美律（2439）、
京元電子（2449）、凌群（2453）、聯發科（2454）、零壹（3029）、
原相（3227）、緯創（3231）、創意（3443）、世芯-KY（3661）、
鈺創（5351）、凌華（6166）、精誠（6214）、群電（6412）、
樺漢（6414）

AI－人臉辨識：

台積電（2330）、浩鑫（2405）、大立光（3008）、華晶科（3059）、
穩懋（3105）、原相（3227）、玉晶光（3406）、新唐（4919）、
蒙恬（5211）、鈺創（5351）、同欣電（6271）

AI－機器視覺：

浩鑫（2405）、智原（3035）、原相（3227）、精材（3374）、
由田（3455）

AI－理財機器人：

富邦金（2881）、國泰金（2882）、玉山金（2884）、元大金（2885）、

永豐金（2890）、中信金（2891）、王道銀行（2897）、寶碩（5210）、
日盛金（5820）、精誠（6214）

（資料來源：Goodinfo! 台灣股市資訊網。）

IT小辭典

• 什麼是機器視覺？

機器視覺（Machine Vision，簡稱MV）是配備有感測視覺儀器（如自動對焦相機或感測器）的檢測機器，其中光學檢測儀器占有極高比重，可用於檢測出各種產品的缺陷，或者判斷並選擇出物體等。

將近 80％ 的工業視覺系統，用在檢測方面，包括用於提高生產效率、控制生產過程中的產品品質、採集產品資料等。產品的分類和選擇，也整合於檢測功能之中。

• 機器人要如何理財？

機器人理財並非由實體的機器人幫助客戶理財，而是將人工智慧導入傳統的理財顧問服務，再經由線上互動，根據需求者設定的投資目的及風險承受度，透過電腦程式的演算法，提供自動化的投資組合建議，大大提高效率。

依據投信投顧公會研究報告指出，理財機器人主要負責諮詢建議，經由自動化服務，提供投資建議及投資組合。另外提供客戶交易執行及風險管理服務，於投資組合達預設損益，或者偏離原定投資比例時，自動執行再平衡交易。

深度學習

WORD
85

AI 急速成長進化的理由

目前 AI 的特徵是機器學習和深度學習。機器學習是在機器上實現如同人類學習一樣的功能，深度學習則是機器學習的一種領域，使用神經網路，將人類的腦神經機制模組化。

機器學習（Machine Learning）是指電腦自行學習，在分析大量資料的同時，獲得與發現規則。當電腦處理的資料越多，精確度就會逐漸提升。

深度學習（Deep learning）是機器學習的進化版。若機器學習要看圖像找出「狗」，必須先由人類提示狗的特徵（耳朵、臉部、尾巴的形狀、身體大小等），深度學習則是由電腦自行發現和判斷出「狗」的特徵。使用神經網路的目的就在於此。

神經網路模組化了人類腦神經細胞（神經元）的網路構造。為了傳遞資訊而製造出的連接部分稱為突觸，突觸會依學習改變連接的強度，如此就能獲得最佳解答。

KEYWORD
機器學習／深度學習／神經網路／神經元／突觸

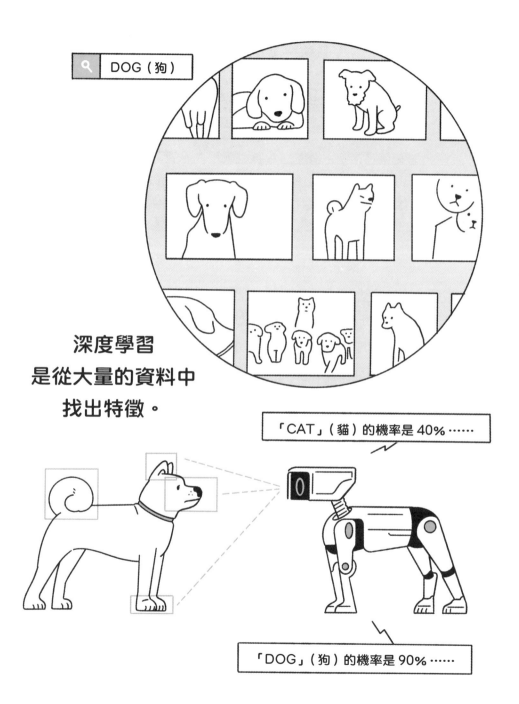

深度學習
是從大量的資料中
找出特徵。

「CAT」（貓）的機率是 40%……

「DOG」（狗）的機率是 90%……

AI 家電

WORD
86

我們身邊常見的 AI 商品

對一般使用者來說，身邊的 AI 實例就是 AI 家電和 AI 喇叭。配備 AI 的 AI 家電會學習使用者的狀況，自行調整動作；AI 喇叭是一臺可語音操作的電腦；AI 助理能理解對話內容並應對。

可在特定領域發揮能力的 AI，稱為特化型 AI。於 2016 年戰勝韓國職業圍棋棋士的 Google AI「AlphaGo」，也是特化型 AI。特化型 AI 目前已實際應用在各種地方，例如 AI 家電及 AI 喇叭。

AI 家電的其中一個例子是掃地機器人，會依據感測器獲得的資訊，掌握家中的位置關係或地板的狀態，然後決定最佳的打掃方法。AI 變頻冷氣則會從使用模式或室內的溫溼度等，自動切換運轉，讓使用者感到舒適。

AI 喇叭也稱為智慧喇叭或智能喇叭，AI 助理會依識別到的聲音，執行網路搜尋、音樂播放、控制照明及家電等。例如 Amazon Echo 這款 AI 喇叭，配備了名為 Alexa 的 AI 助理，使用者可直接透過語音，在 Amazon 上購物。

KEYWORD
AI 家電／AI 喇叭／AI 助理／AI 變頻冷氣／智慧喇叭／Amazon Echo／Alexa

AI家電的出現，
讓生活變得更舒適。

AI 生活智慧概念股

由於 AI 人工智慧在科技革新加快、產業數位化過程中，成為關鍵技術，使得 AI 本身受到投資人關注以外，奠基於此發展的產品，同樣具備商機。

• 智慧家電－智慧音箱：

力麗（1444）、鴻海（2317）、台積電（2330）、華邦電（2344）、英業達（2356）、瑞昱（2379）、群光（2385）、建準（2421）、美律（2439）、聯發科（2454）、晶技（3042）、鑫創（3259）、維熹（3501）、宏致（3605）、致伸（4915）、新唐（4919）、立積（4968）、瑞儀（6176）、驊訊（6237）、良維（6290）、群電（6412）、百和興業-KY（8404）、百和（9938）

• 智慧家電－智慧電視：

光寶科（2301）、台達電（2308）、鴻海（2317）、仁寶（2324）、友訊（2332）、智邦（2345）、宏碁（2353）、華碩（2357）、技嘉（2376）、瑞昱（2379）、群光（2385）、正崴（2392）、億光（2393）、南亞科（2408）、友達（2409）、兆勁（2444）、兆赫（2485）、瑞軒（2489）、大立光（3008）、亞光（3019）、聯詠（3034）、晶技（3042）、訊舟（3047）、建漢（3062）、全科（3209）、原相（3227）、金麗科（3228）、緯創（3231）、明泰（3380）、玉晶光（3406）、致振（3466）、群創（3481）、智易（3596）、新鉅科（3630）、正文（4906）、前鼎（4908）、和碩（4938）、訊連（5203）、上奇（6123）、友勁（6142）、廣明（6188）、盛群（6202）、普萊德（6263）、啟碁（6285）、

明基材（8215）、泰金寶-DR（9105）

● **智慧家電－智慧家庭：**

台積電（2330）、友訊（2332）、智邦（2345）、英業達（2356）、
中華電（2412）、美律（2439）、聯發科（2454）、義隆（2458）、
智原（3035）、台灣大（3045）、明泰（3380）、創意（3443）、
正文（4906）、康控-KY（4943）、中磊（5388）、良維（6290）、
群電（6412）、宇智（6470）

（資料來源：Goodinfo!台灣股市資訊網。）

AI 機器人

WORD 87

未來更進化的AI產品

結構複雜且可自動移動的機器人，配備了AI功能後，就能經由自我思考採取動作。要做出「像人類一樣」的機器人很困難，但目前正在研發「可像人類一樣思考、行動」的機器人，各種形態的AI機器人也已經問世。

　　AI機器人已經應用在照護、搬運、監視或接待等領域，分擔人類的部分業務。目前正在研發的自動駕駛，則是由AI來代替人類駕駛汽車。廣義來說，自駕車（詳見WORD 96）也是一種機器人。

　　可在特定領域發揮能力的AI稱為特化型AI，而像人類一樣，能在廣泛的領域中主動發現課題並自我學習的AI，稱為泛用型AI。在電影和漫畫的世界中，拯救人類脫離危機的聰明機器人（有時也是人類不易擊敗的反派角色），就是一種配備泛用型AI的機器人。

　　如今，已實際應用的AI機器人是特化型。儘管泛用型AI還在研究階段，目前尚不可能實現，但研究正在一步一步前進，期待能在遙遠的未來開花結果。

KEYWORD

AI功能／AI機器人／自駕車／自動駕駛／特化型AI／泛用型AI

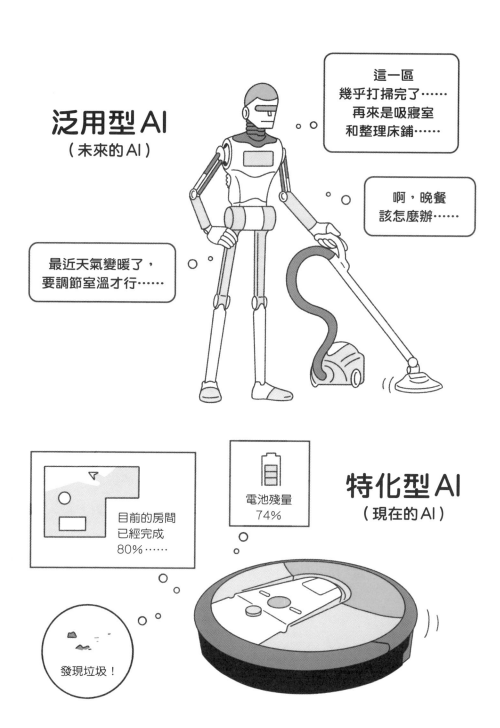

WORD
88

BOT

以軟體方式運作的機器人

人類進行單純的重複作業時，既費時又費力。而在網路上代替人類進行這類單純作業，並且高速運行的東西，就是名為BOT的軟體。因為沒有實體（機器），與一般機器人（robot）不同，所以簡稱為BOT。

BOT是在網際網路上自動運作的應用軟體和程式的總稱。其中有像網路爬蟲（Web Crawler）或聊天機器人（Chatbot）這類作商業用途的BOT，也有被拿來當惡意軟體做壞事的BOT。

可從網站上單獨蒐集所需資訊的BOT，稱為網路爬蟲或網路蜘蛛，如Google等搜尋系統，就會使用這種BOT。

聊天機器人能像人類一樣有所反應，同時用文字對話，可用於客服或諮詢窗口。這種BOT會依照人類制定的規則，從對方輸入的內容中抽出關鍵字，然後從資料庫挑選回答。有一些聊天機器人會引進人工智慧，讓對話更加自然。AI喇叭則可用語音跟聊天機器人對話。

KEYWORD
BOT／網路爬蟲／聊天機器人／惡意軟體／網路蜘蛛／客服／諮詢窗口

在日常生活中嶄露頭角的機器人。

·

第五章

新交易模式誕生，
金融科技股

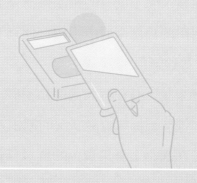

我們在日常生活中會用電子貨幣取代現金，或是用智慧型
手機在超商付款，現在還有不同於傳統貨幣的虛擬貨幣在
市面上流通。

金融科技

金融×科技

金融科技（FinTech）是金融（Finance）與科技（Technology）的複合詞，透過在銀行、保險或證券等金融服務中引進IT，產生新點子，進一步創造出創新的商品和服務。

科技（Tech）是Technology（技術）的簡稱。近年來，以IT為中心的科技大量被應用在各領域中，金融科技就是其中一個潮流。

金融科技出現後，除了既有的金融機構外，許多新業者也打入了金融領域。從用戶的角度來看，手續費便宜、手續快和方便又好用的商品及服務，接連誕生。

拿身邊的案例來說，有在個人電腦和手機上操作就能結帳或匯款的服務、可統一管理記帳或資產狀況的記帳App、由AI助理協助個人投資的服務、在網路上募集資金的群眾募資……這些都是金融科技。

另外，使用區塊鏈的虛擬貨幣交易，也是金融科技的一種。

KEYWORD
金融科技／金融／科技／AI助理／群眾募資／區塊鏈

科技也不斷進入金融的世界……

金融科技概念股

隨著金融科技（FinTech）趨勢漸盛，區塊鏈技術掀起革命，既有商業模式開始改變，金融、遊戲、電信及電商等產業都受到影響，紛紛積極調整轉型，以迎接這龐大商機。

● 金融－FinTech：

鴻海（2317）、研華（2395）、友通（2397）、中華電（2412）、
三商電（2427）、國泰金（2882）、玉山金（2884）、永豐金（2890）、
第一金（2892）、安勤（3479）、精聯（3652）、歐買尬（3687）、
虹堡（5258）、智冠（5478）、同亨（5490）、橘子（6180）、
飛捷（6206）、精誠（6214）、樺漢（6414）、研揚（6579）、
網家（8044）、振樺電（8114）、夠麻吉（8472）

● 金融－第三方支付：

東森（2614）、一零四（3130）、歐買尬（3687）、尚凡（5278）、
智冠（5478）、同亨（5490）、橘子（6180）、關貿（6183）、
精誠（6214）、網家（8044）

● 金融－電子商務：

榮成（1909）、瑞昱（2379）、中華電（2412）、精技（2414）、
偉詮電（2436）、聯發科（2454）、嘉里大榮（2608）、
宅配通（2642）、捷迅（2643）、國泰金（2882）、玉山金（2884）、
永豐金（2890）、第一金（2892）、台灣大（3045）、益登（3048）、
新零售（3085）、華義（3086）、聯傑（3094）、新洲（3171）、
力旺（3529）、歐買尬（3687）、遠傳（4904）、笙科（5272）、

數字（5287）、智冠（5478）、同亨（5490）、耕興（6146）、
鈞寶（6155）、橘子（6180）、關貿（6183）、啟碁（6285）、
網家（8044）、富邦媒（8454）、夠麻吉（8472）、創業家（8477）

（資料來源：Goodinfo! 台灣股市資訊網。）

IT小辭典

• 什麼是第三方支付？

所謂第三方支付，是指由第三方業者居中於買賣家之間進行收付款作業的交易方式。

優點包含：

1. 方便、快速，提供個人化帳務管理。
2. 提供交易擔保（確認收到賣方的商品後，再請第三方支付業者付款），可防堵詐騙及減少消費紛爭。
3. 減少個人資料外洩風險。

風險則有：

1. 成為駭客覬覦對象，造成消費者損失。
2. 消費者資金遭不肖業者挪用或者惡意倒閉，衍生索償窘境。
3. 淪為犯罪洗錢溫床，成為洗錢防制漏洞。

無現金支付

不用掏出現金就能消費

無現金支付故名思義，就是付款不用現金，包含使用信用卡、電子貨幣和QR碼付款等。相較於北歐或中國等無現金支付相當普及的國家，日本仍以現金交易為大宗。

無現金支付的優點在於消費者出門不用帶現金，業者也不用管理現金。

在「無現金國家」之一的中國，因為有假鈔橫行的問題，有些店家甚至不接受現金付款。反觀日本，即使政府推動無現金化，還是有民眾對無現金支付感到不安，而這也成為無法普及的要因。

過去就一直在使用的信用卡支付、銀行匯款和預付卡，在廣義上也屬於無現金支付，目前還出現許多應用IT機制的IC卡，以及使用智慧型手機的電子貨幣服務。

最近，用手機掃條碼或QR碼付款的掃碼支付日益普及，也受到了矚目。

KEYWORD

無現金支付／信用卡支付／電子貨幣／QR碼付款／無現金國家／掃碼支付

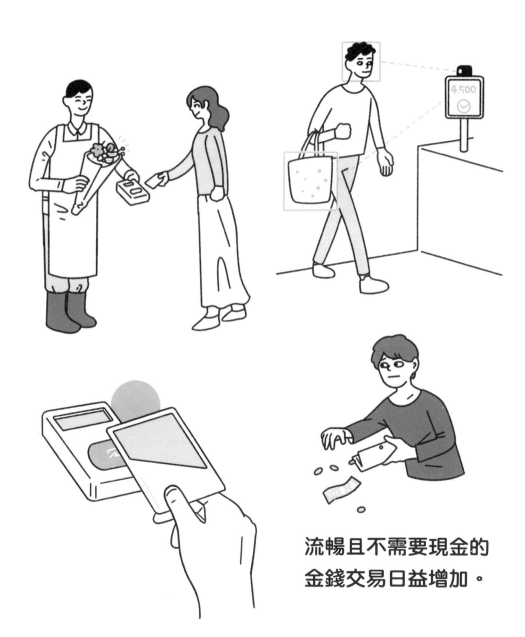

流暢且不需要現金的
金錢交易日益增加。

電子貨幣

取代現金的金錢新形態

電子貨幣是一種用「電子資訊」交易的金錢，目前透過IC卡使用電子貨幣的方式越來越多，例如交通IC卡和商品交易流通用IC卡等。電子貨幣會留下紀錄，因此企業能善用在行銷上。

IC卡形式的電子貨幣，主流為事先儲值的預付卡。卡片內的IC晶片（類似超小型的電腦）會記錄餘額，並在使用時經過計算再更改餘額。由於記錄下來的資訊經過加密，所以無法輕易被竄改。

以鐵路業者或流通業者（按：流通業屬於服務業，指商品流通和為商品流通提供服務的產業）為中心，有許多業者會發行電子貨幣，使用者要用現金和發行業者交換電子貨幣（會記錄在IC卡中）。在日本，鐵路業者發行的交通類電子貨幣有Suica、PASMO、ICOCA等，流通業者發行的流通類電子貨幣則包含nanaco或Edy（按：兩種都可先儲值進卡中，並透過消費支付來累積回饋）等。

要使用IC卡類電子貨幣時，得有能讀取IC卡的晶片讀卡機。

KEYWORD

電子貨幣／IC卡／IC晶片／Suica／PASMO／ICOCA／nanaco／Edy／晶片讀卡機

行動支付

靠智慧型手機就能支付的機制

用行動裝置取代錢包的行動支付越來越普及，除了支付功能外，還有App能提供點數卡、會員卡或折價券等綜合服務。與店家交易時，會使用FeliCa（非接觸式IC卡晶片）和QR碼。

行動支付（也稱行動錢包）的支付方式有分預付型和後付型。前者要先用信用卡等事先儲值在App中，然後在儲值的金額範圍內支付；後者則要在App登錄信用卡，付款後會從信用卡扣款。

付款方式使用非接觸式IC卡晶片FeliCa時，要拿行動裝置去刷晶片讀卡機。即使行動裝置沒開機，只要電池有電就能使用。

掃描QR碼或條碼的付款方式，優點是不需要專用讀卡機，所以店家比較容易引進，而且行動裝置也不需要有IC卡。這類付款方式原先流行於中國，後來在日本也逐漸普及。

KEYWORD

行動支付／行動錢包／FeliCa／QR碼／儲值／信用卡／條碼

行動支付逐漸在社會中普及：

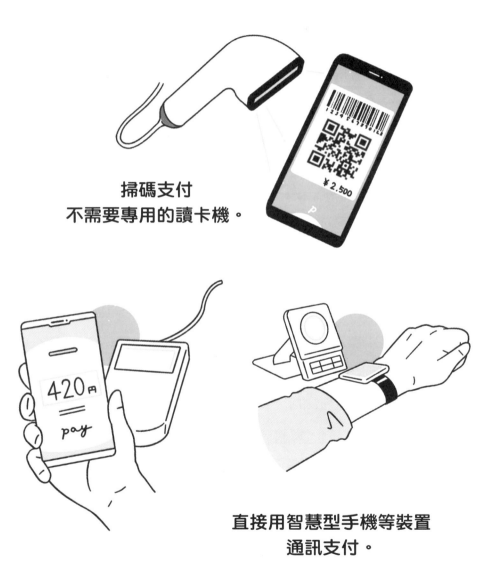

掃碼支付
不需要專用的讀卡機。

直接用智慧型手機等裝置
通訊支付。

虛擬貨幣（加密資產）

WORD 93

網際網路上流通的新資產

虛擬貨幣是在網際網路上以貨幣形式流通的電子資料。它不像日圓或美金一樣，由國家來保證通貨的價值，而是使用加密技術來保護資產。在法規上，虛擬貨幣被列為加密資產，以和法定貨幣作區分（按：臺灣被認為是加密資產的友善環境國家，尚未對加密貨幣有太多限制）。

虛擬貨幣中著名的比特幣，是依據中本聰（Satoshi Nakamoto）的論文在 2009 年問世。它採 P2P 通訊，在分散網路上管理資料。

P2P是一種 1 對 1 的通訊方式，交易資料會由參加分散網路的多臺電腦檢驗確認，並記錄在稱為區塊鏈（Blockchain，詳見WORD 94）的公開帳本中。進行交易的用戶會在各自的電腦上共享與管理區塊，而交易資料會被加密，防止遭竊取或竄改。

除了比特幣以外，還有許多加密貨幣，俗稱山寨幣或競爭幣（Altcoin）。虛擬貨幣的價值不受特定國家的保證，但可兌換成法幣（法定貨幣），也能像法幣一樣交換、支付或匯款。

KEYWORD
加密貨幣／電子資料／加密技術／法定貨幣／加密資產／中本聰／
交易資料／山寨幣、競爭幣

沒有國家保證的
全新價值（虛擬）問世。

比特幣概念股

虛擬貨幣可規避弱勢美元風險，並成為未來支付工具之一，加上特斯拉等企業大舉投資，有利虛擬貨幣熱潮，其中以比特幣為最，台股中的概念股也因此被注意到。

• 虛擬貨幣－比特幣：

台達電（2308）、台積電（2330）、華碩（2357）、技嘉（2376）、微星（2377）、威盛（2388）、映泰（2399）、南亞科（2408）、承啟（2425）、麗臺（2465）、智原（3035）、華義（3086）、景碩（3189）、雙鴻（3324）、創意（3443）、利機（3444）、華擎（3515）、曜越（3540）、世芯-KY（3661）、日月光投控（3711）、青雲（5386）、茂達（6138）、撼訊（6150）、南電（8046）、瀚荃（8103）

（資料來源：Goodinfo! 台灣股市資訊網。）

IT小辭典

• 虛擬貨幣的分類

雖然常見到有人以「虛擬貨幣」來指稱比特幣，但實際上，比特幣只是虛擬貨幣的其中一種分類而已。

虛擬貨幣總共分為三類：

類別	內容
第一類	與實體貨幣無關，只可以在封閉的虛擬環境中使用，通常是網路遊戲幣。
第二類	單向兌換，通常只可以在虛擬環境中使用，有時候也可以購買實體商品和服務，如飛行常客獎勵計畫、任天堂點數、Facebook Credits、Amazon Coin等。
第三類	跟「真」貨幣相同，有買入價和賣出價，包括由發行機構發行的、可雙向兌換的遊戲幣，以及去中心化的加密貨幣，如比特幣、萊特幣、以太幣等。

區塊鏈

WORD 94

由IT支撐的新交易模式

區塊鏈是指管理技術，會把網路上的交易資料記錄在「區塊」中，然後用鏈條把區塊和區塊串接在一起，形成一個資料庫。這種技術始於虛擬貨幣的比特幣，目前正受到矚目。

　　區塊鏈為了防止資料遭到竄改，會使用名為雜湊函式（詳見 WORD 62）的技術。雜湊函式會用原數值，產生一組無規則且長度固定的數值，稱為雜湊值，但這無法推測出原數值。

　　在區塊鏈中，後面的區塊會收納前一個區塊產生的雜湊值。雜湊值有異的區塊，就是不正當的區塊（可能來自不正當交易，或者試圖一幣多付，也有可能是因為網路延遲）。

　　分散管理資料，也是區塊鏈的特徵。銀行等是採中心化的方式管理交易資料，但在區塊鏈中，全部交易資料會記錄在「帳本」中，所有參加區塊鏈網路的電腦，會共享同一份「帳本」，如此便能確保資訊的可靠性。區塊鏈最大的特點就是難以竄改和複製，可望應用在金融等各種領域中。

KEYWORD

區塊鏈／虛擬貨幣／比特幣／雜湊函式／分散管理／交易資料／帳本

眾人用時間順序，
隨時監督交易的流向，
藉此防止不正當行為。

第六章

搶賺趨勢的紅利

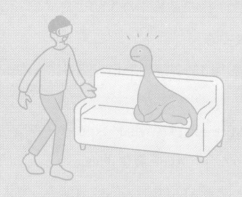

人們透過VR或AR，能體驗各種虛擬世界，自駕車在身邊跑的日子也越來越近。

典範轉移

WORD
95

社會隨著 IT 進化而逐漸變化

典範轉移是指，在某個時代或領域一直被認為是理所當然的常識、思想和價值觀，有巨大的轉換。現在以雲端、大數據、IoT、AI 等 IT 為中心的科技進化，正在引發典範轉移。

典範轉移（Paradigm shift）可用在各種地方。若是歷史角度下的典範轉移，就是 18 世紀後半發生的工業革命，造成產業結構大幅轉換成以工業為中心。

電腦和網際網路的普及和進化，使得過去的工業社會，轉換成目前的資訊社會，這也能說是一種典範轉移。

1995 年，Microsoft 發售 Windows 95 後，電腦和網際網路更貼近人類的生活。2007 年，Apple 發售 iPhone 後，人類的生活開始以智慧型手機為中心。隨著 AI 和機器人的技術進步，有人預測人類的工作大約有一半將轉為自動化。可望今後也一樣，會發生各種不同的典範轉移。

KEYWORD
典範轉移／雲端／大數據／資訊社會／Windows 95／iPhone

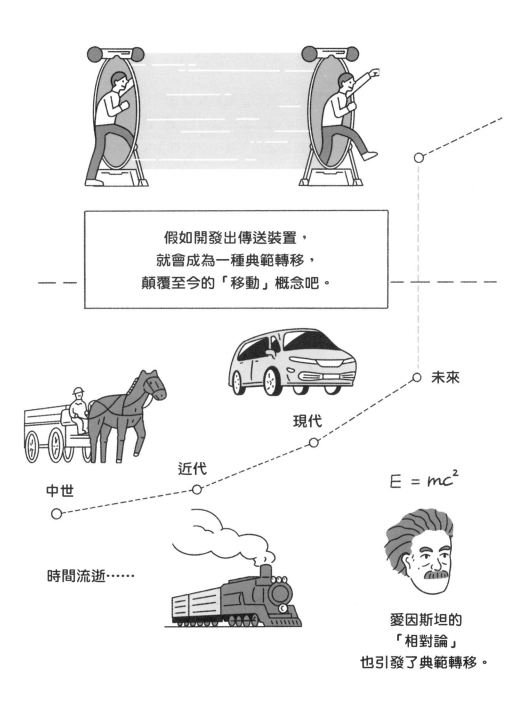

假如開發出傳送裝置，
就會成為一種典範轉移，
顛覆至今的「移動」概念吧。

未來

現代

近代

中世

時間流逝……

$E = mc^2$

愛因斯坦的
「相對論」
也引發了典範轉移。

工業 4.0 概念股

2011 年，德國公司向其政府提出了高科技計畫——工業 4.0，又稱為第四次工業革命，期望建構出一個有智慧型意識的產業世界，全球許多城市逐漸朝智慧城市（按：指利用各種資訊科技或創新意念，整合都市的組成系統和服務，以提升資源運用的效率，達到都市管理和服務最佳化，改善市民生活品質）的方向邁進。

• **工業 4.0：**

士電（1503）、東元（1504）、程泰（1583）、亞德客-KY（1590）、上銀（2049）、光寶科（2301）、台達電（2308）、鴻海（2317）、仁寶（2324）、英業達（2356）、所羅門（2359）、致茂（2360）、大同（2371）、廣達（2382）、研華（2395）、友通（2397）、偉詮電（2436）、盟立（2464）、志聖（2467）、資通（2471）、健和興（3003）、威強電（3022）、零壹（3029）、德律（3030）、智原（3035）、喬鼎（3057）、艾訊（3088）、聯傑（3094）、笙泉（3122）、亞信（3169）、原相（3227）、京鼎（3413）、譁裕（3419）、由田（3455）、陽程（3498）、安馳（3528）、禾瑞亞（3556）、神準（3558）、牧德（3563）、泓格（3577）、精聯（3652）、營邦（3693）、東台（4526）、桓達（4549）、穎漢（4562）、新唐（4919）、新鼎（5209）、中磊（5388）、聚碩（6112）、茂達（6138）、欣技（6160）、凌華（6166）、廣明（6188）、帆宣（6196）、盛群（6202）、精誠（6214）、和椿（6215）、旺玖（6233）、普萊德（6263）、樺漢（6414）、迅得（6438）、矽創（8016）、廣積（8050）、致新（8081）、振樺電（8114）、新漢（8234）、實威（8416）、友佳-DR（912398）

● **基礎建設－智慧城市：**

聯電（2303）、台達電（2308）、台積電（2330）、智邦（2345）、

佳世達（2352）、宏碁（2353）、英業達（2356）、大同（2371）、

佳能（2374）、瑞昱（2379）、廣達（2382）、研華（2395）、

中華電（2412）、聯發科（2454）、威強電（3022）、台灣大（3045）、

艾訊（3088）、奇偶（3356）、晶睿（3454）、安勤（3479）、

磐儀（3594）、圓展（3669）、遠傳（4904）、正文（4906）、

中磊（5388）、彩富（5489）、凌華（6166）、巨路（6192）、

飛捷（6206）、廣積（8050）、振樺電（8114）

（資料來源：Goodinfo! 台灣股市資訊網。）

自駕車
凝聚所有科技之力的新移動載具

自駕車這種汽車，就算不用人類駕駛，也能自動行進。它利用了各種感測器和 IoT 技術，可讀取周圍的狀況，也能夠從複雜的狀況中，自主判斷並操控油門、剎車及方向等，這當中應用的是 AI 技術。

　　自駕車的開發競爭是現在進行式，透過自駕車的實際應用和普及，可望減少塞車和事故，也能減輕駕駛的負擔。然而，在實現之前，尚有許多課題待解決，例如發生事故時的責任歸屬、遭駭入的風險和「道德抉擇」（是否允許犧牲他人去救某人）等。

　　自駕車的自動化等級分為 1～5 級。從系統協助部分駕駛的等級 1 開始，階段性增加電腦系統操作的比例，到了等級 5，會由系統負責所有駕駛。

　　在一定的條件下協助加速、減速、方向盤操作，這是等級 2，目前已進入實際應用階段，而系統成為駕駛主體的等級 3 也不遠了。

KEYWORD

自駕車／駭入／道德抉擇／等級 1～5

何時能實現
安全且舒適的自駕車呢？

WORD 97 遊戲、電競
與 IT 一同進化的遊戲世界

遊戲是使用電腦的娛樂之一，從撲克牌、西洋棋或象棋等真實遊戲在電腦上重現，到射擊、角色扮演、模擬和運動等，電腦遊戲的領域可說是相當多元。

隨著電腦進化，遊戲的形態也跟著改變，現在有內建電腦的遊戲主機、社群網站上提供的社群遊戲、智慧型手機的遊戲App、線上遊戲等，遊戲方法相當多元。

由於處理影像的裝置（GPU，詳見WORD 6）高性能化，遊戲畫質變得更細緻，動作也更加流暢，甚至還有的影像精美如電影一般。過去就有線上多人對戰或合作遊玩的遊戲，但隨著通訊速度變快，現在已經可以幾千人同時上線遊玩。

線上對戰遊戲的進化形就是電競。現在世界各地都會舉辦電競比賽，把娛樂用的遊戲視為一種競技，由贊助企業提供高額獎金，其中甚至有贏得千萬獎金的職業玩家。

KEYWORD
遊戲／社群遊戲／遊戲App／GPU／通訊速度／電競

現在有贏得千萬獎金的
電競玩家。

傳統遊戲

LOADING...

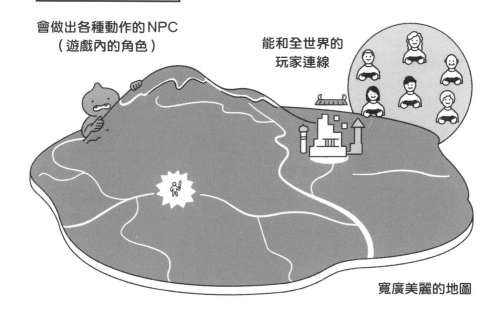

現在的遊戲

會做出各種動作的NPC
（遊戲內的角色）

能和全世界的
玩家連線

寬廣美麗的地圖

電競概念股

在遊戲族群數量不斷上升的現代，「宅經濟」題材為市場所注目。此外，電競是否有機會納入奧運項目，一直是許多人關心的話題，一旦奧運納入電競，勢必會帶動相關線上遊戲、電競筆電／桌電等市場。

● 遊戲產業－電競：

首利（1471）、宏碁（2353）、華碩（2357）、藍天（2362）、技嘉（2376）、微星（2377）、群光（2385）、映泰（2399）、承啟（2425）、偉訓（3032）、僑威（3078）、華義（3086）、原相（3227）、威剛（3260）、雙鴻（3324）、新日興（3376）、華擎（3515）、曜越（3540）、致伸（4915）、茂林-KY（4935）、十銓（4967）、松翰（5471）、茂達（6138）、橘子（6180）、盛群（6202）、海韻電（6203）、尼得科超眾（6230）、安鈦克（6276）、群電（6412）、動力-KY（6591）、達方（8163）、宇瞻（8271）

● 遊戲機－PS4：

光寶科（2301）、台達電（2308）、鴻海（2317）、鴻準（2354）、群光（2385）、正崴（2392）、鉅祥（2476）、神基（3005）、欣興（3037）、建漢（3062）、維熹（3501）、健策（3653）、湧德（3689）、聯德控股-KY（4912）、和碩（4938）、鎰勝（6115）、今國光（6209）、南電（8046）

● **遊戲機－XBOX Kinect：**

群光（2385）、正崴（2392）、建準（2421）、大立光（3008）、
協禧（3071）、聯鈞（3450）、維熹（3501）、新鉅科（3630）、
健策（3653）

● **遊戲機－任天堂Switch：**

廣宇（2328）、旺宏（2337）、鴻準（2354）、瑞昱（2379）、
威盛（2388）、偉詮電（2436）、神基（3005）、原相（3227）、
谷崧（3607）、立積（4968）

● **宅經濟：**

旺宏（2337）、鴻準（2354）、廣達（2382）、中華電（2412）、
敦陽科（2480）、東森（2614）、台驊（2636）、宅配通（2642）、
燦星旅（2719）、雄獅（2731）、統一超（2912）、威強電（3022）、
喬鼎（3057）、網龍（3083）、華義（3086）、原相（3227）、
鈊象（3293）、宇峻（3546）、地心引力（3629）、歐買尬（3687）、
遠傳（4904）、辣椒（4946）、信驊（5274）、數字（5287）、
中磊（5388）、智冠（5478）、中菲行（5609）、大宇資（6111）、
聚碩（6112）、昱泉（6169）、橘子（6180）、精誠（6214）、
網家（8044）、富邦媒（8454）、創業家（8477）

（資料來源：Goodinfo! 台灣股市資訊網、PChome 股市。）

VR、AR

WORD
98

實際不存在，卻彷彿在眼前

VR 會讓人類感覺自己進入了電腦創造出的人工世界；相較之下，AR 指的是電腦創造出物品和景色後，將其重疊顯示在現實世界中。

VR 縮寫自 Virtual Reality（虛擬實境），AR 則是 Augmented Reality（擴增實境）的縮寫。目前的主流是利用視覺效果和音響效果，達到虛擬空間體驗，這用智慧型手機也能輕鬆體驗到。

若是使用 VR 的遊戲，玩家戴上頭戴顯示器後，遊戲中的世界就會立體呈現在眼前，配合頭部和身體的動作，影像也會產生改變。現在也開始出現一些服務，能用 VR 享受運動和演唱會活動的直播。

在全球大受歡迎的 GPS 遊戲《精靈寶可夢 GO》（*Pokémon GO*）則是使用 AR 技術，在相機拍攝的實際影像上，合成電腦製作出的角色。家具的模擬擺放和衣服試穿等服務，也會利用 AR 來提供。

KEYWORD
VR ／ AR ／頭戴顯示器／直播／《精靈寶可夢 GO》（*Pokémon GO*）

現實與 VR、AR 逐漸融合的世界。

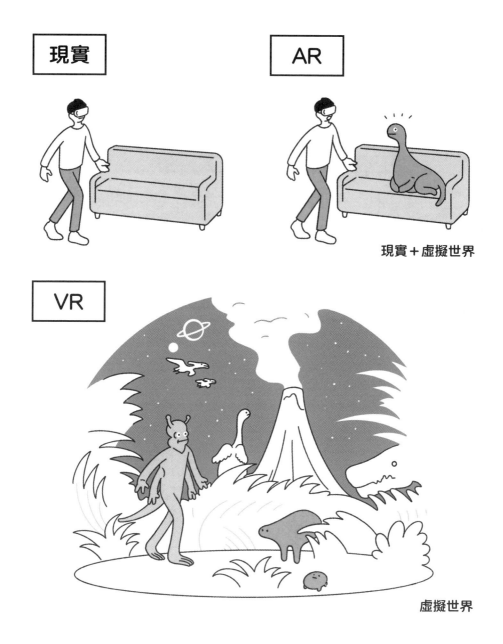

現實

AR

現實＋虛擬世界

VR

虛擬世界

虛擬實境概念股

曾有一度，3D 電視異軍突起，打響了智能電視技術的第一炮，無奈給消費者的技術體驗差，因此未獲青睞，很快就被市場淘汰。在此之後，相比 3D 電視的局限性，VR 技術能運用之處更廣泛，同時效果更好，成為企業關注的商機。

● **虛擬實境**（VR）：

台積電（2330）、華碩（2357）、技嘉（2376）、微星（2377）、瑞昱（2379）、威盛（2388）、聯發科（2454）、義隆（2458）、宏達電（2498）、智原（3035）、創意（3443）、日月光投控（3711）、雷笛克光學（5230）、鈺創（5351）、驊訊（6237）

● **擴增實境**（AR）：

鴻海（2317）、宏碁（2353）、義隆（2458）、大量（3167）、原相（3227）、和碩（4938）、訊連（5203）、鈺創（5351）、宏捷科（8086）、霹靂（8450）

● **寶可夢**：

川湖（2059）、台達電（2308）、鴻海（2317）、台積電（2330）、友訊（2332）、智邦（2345）、宏碁（2353）、英業達（2356）、華碩（2357）、瑞昱（2379）、廣達（2382）、正崴（2392）、中華電（2412）、燦坤（2430）、宏達電（2498）、國賓（2704）、六福（2705）、晶華（2707）、王品（2727）、遠百（2903）、潤泰全（2915）、大立光（3008）、全漢（3015）、奇鋐（3017）、台灣大（3045）、僑威（3078）、聯亞（3081）、網龍（3083）、

聯傑（3094）、順達（3211）、原相（3227）、緯創（3231）、
鈊象（3293）、鼎天（3306）、加百裕（3323）、雙鴻（3324）、
玉晶光（3406）、環天科（3499）、宇峻（3546）、智易（3596）、
華信科（3627）、健策（3653）、亞太電（3682）、合勤控（3704）、
神達（3706）、遠傳（4904）、昂寶-KY（4947）、光鋐（4956）、
眾達-KY（4977）、笙科（5272）、信驊（5274）、數字（5287）、
松翰（5471）、智冠（5478）、大宇資（6111）、新普（6121）、
耕興（6146）、橘子（6180）、尼得科超眾（6230）、台燿（6274）、
全國電（6281）、弘煜科（6482）、網家（8044）、致新（8081）、
天宇（8171）、勤誠（8210）、霹靂（8450）、富邦媒（8454）、
鈺齊-KY（9802）、寶成（9904）、豐泰（9910）

（資料來源：Goodinfo! 台灣股市資訊網、HiStock 嗨投資。）

WORD 99 智慧農業

IT 的力量，將大幅改變至今的農業

農業領域面臨農家高齡化，出現勞動力不足的問題。智慧農業的目的，就是要把 IT 和機器人等最新技術用在農業上，大幅提高生產力，目前已經導入機器人、AI、IoT 及無人機等新技術。

過去大家認為不容易引進 IT 等新技術的農業，現在也開始活用尖端技術。

日本農林水產省（按：簡稱農水省，是日本行政機關之一）正在推動智慧農業，希望農業在更輕鬆、更省人力之餘提升效率，同時提高農產品的收成和品質，並且更穩定，朝向可持續發展的農業經營邁進。農業（Agriculture）和科技（Technology）形成的複合詞——農業科技（Agritech），也和智慧農業同義。

例如在收穫期，必須要用肉眼判斷蔬菜和水果是否可以收成。這點如果透過 AI 的圖像學習，就能用機器人代替人類工作。

此外，使用無人機可蒐集農田的數據和施肥。目前不需要人類操作的自駕拖拉機，已經達到實際應用階段。

KEYWORD

智慧農業／可持續發展的農業經營／無人機／自駕拖拉機

從遠端灑水 &
確認農作物的狀態！

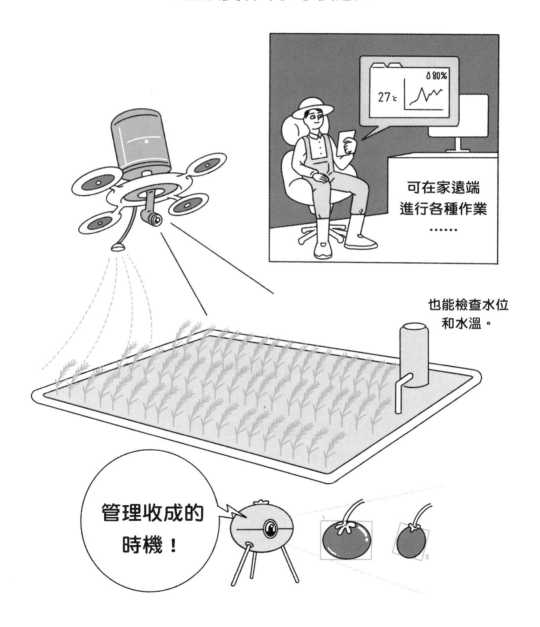

可在家遠端
進行各種作業
……

也能檢查水位
和水溫。

管理收成的
時機！

WORD
100

遙測
太空和IT的合作

利用超級電腦計算星球的進化、透過AI探索新行星……IT也替太空研究帶來莫大的貢獻。目前可用衛星遙測（Remote sensing）來取得地球上的資料，同時進行分析，並應用在產業上等，太空和IT的合作今後會日益加深。

　　IT和太空相當契合。舉例來說，過去就會用電腦模擬星球的結構，在探測機和太空站也會用電腦觀測和實驗。在太空研究中，IT技術已經不可或缺。

　　現在太空不只是用來研究，還逐漸成為民間的事業場域。其中一個動向就是遙測──透過發射內建觀測感測器的人造衛星，從太空觀測地球。光感測器能調查地上亮度的變化，溫度感測器可調查森林的溫度，藉此觀察地球上的各種資訊。

　　感測器蒐集到的資訊，可當作大數據用AI來分析，而分析過的資料，可用於農林水產業及防災等目的。

KEYWORD
太空／遙測／模擬／觀測感測器／人造衛星／光感測器／溫度感測器

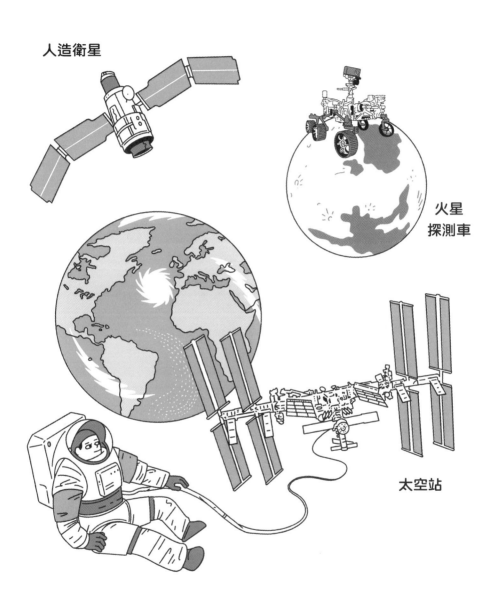

人造衛星

火星
探測車

太空站

遙測技術進化，
讓太空的存在更貼近身邊。

索引 （＊後依首字筆畫數排列。）

國家圖書館出版品預行編目（CIP）資料

概念股夯什麼？從零開始的IT圖鑑：蘋果概念股、AI
概念股、雲端概念股、半導體供應鏈、虛擬貨幣……
從基礎入門到上下游整合，一次看懂。／三津田治夫
監修；武田侑大插畫；岩﨑美苗子內文；林信帆譯.
-- 初版. --臺北市：大是文化有限公司，2021.07
288 面；17 × 23 公分. --（Biz；358）
ISBN 978-986-5548-96-4（平裝）

1. 資訊科技　2. 資訊社會
312　　　　　　　　　　　　　　110005236

Biz 358

概念股夯什麼？從零開始的IT圖鑑

蘋果概念股、AI概念股、雲端概念股、半導體供應鏈、虛擬貨幣……
從基礎入門到上下游整合，一次看懂。

監　　　　修／	三津田治夫
插　　　　畫／	武田侑大
內　　　　文／	岩﨑美苗子
譯　　　　者／	林信帆
責　任　編　輯／	張慈婷
校　對　編　輯／	劉宗德
美　術　編　輯／	林彥君
副　總　編　輯／	顏惠君
總　　編　　輯／	吳依瑋
發　　行　　人／	徐仲秋
會　　　　計／	許鳳雪、陳嬅娟
版　權　專　員／	劉宗德
版　權　經　理／	郝麗珍
行　銷　企　劃／	徐千晴、周以婷
業　務　專　員／	馬絮盈、留婉茹
業　務　經　理／	林裕安
總　　經　　理／	陳絜吾

出　　　　版／大是文化有限公司
　　　　　　　臺北市 100 衡陽路 7 號 8 樓
　　　　　　　編輯部電話：（02）23757911
讀　者　服　務／購書相關資訊請洽：（02）23757911　分機122
　　　　　　　24小時讀者服務傳真：（02）23756999
　　　　　　　讀者服務E-mail：haom@ms.hinet.net
郵政劃撥帳號／19983366　戶名：大是文化有限公司

法　律　顧　問／永然聯合法律事務所
香　港　發　行／豐達出版發行有限公司
　　　　　　　Rich Publishing & Distribution Ltd
　　　　　　　香港柴灣永泰道70號柴灣工業城第2期1805室
　　　　　　　Unit 1805, Ph.2, Chai Wan Ind City, 70 Wing Tai Rd, Chai Wan, Hong Kong
　　　　　　　Tel：2172-6513　Fax：2172-4355　E-mail：cary@subseasy.com.hk

封　面　設　計／孫永芳
內　頁　排　版／黃淑華
印　　　　刷／鴻霖印刷傳媒股份有限公司

■ 2021年7月初版　　　　　　　　　　　　　　　　　Printed in Taiwan
ISBN 978-986-5548-96-4　　　　　　　　　　　　定價／新臺幣390元
電子書 ISBN　9789865548957（PDF）　　　　（缺頁或裝訂錯誤的書，請寄回更換）
　　　　　　　9789865548940（EPUB）　　　　　有著作權・翻印必究